二魚文化

# 蔬果歲時記

# 序



# 蔬之屬



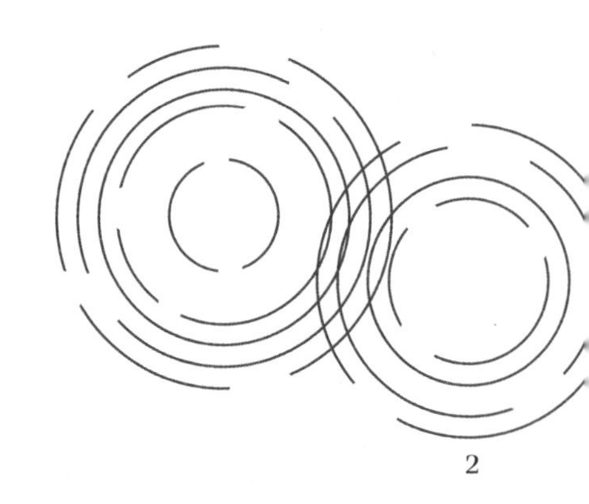

## 果之屬

# 菜園肚皮

五〇年代末，尚未重工業化的高雄市，我正在念國中，奉命每天去陪外婆種菜。外婆的菜園在愛河畔的老家，毗連著外公的水稻田和舅舅的木材工廠，她每天從漢口街的舅舅家步行到中華路的老家，種菜，順便蒔花，餵食數目甚少的雞鴨。她七十幾歲了，仍勤奮不輟，鋤頭就放在菜畦，鋤累了，身體就倚著鋤頭休息。那是外婆晚年的「休閒活動」吧。我每天放學就騎腳踏車去陪她種菜；天黑前，腳踏車載滿收刈的青菜，祖孫兩人步行回家。

我不確定那些青菜是否挹注過一個貧窮家庭。外婆的子女中以母親最歹命，遇人不淑；外婆一定想以休閒活動所生產，幫助她心疼的二女兒。然則我非常不甘願每天去種菜，貧窮不見得要種菜，何況我並非閒閒沒事幹，明明還有一大堆功課要做，一大堆試要考。我不甘願地挑水桶、糞桶到菜園，拿著長勺隨便揮灑，敷衍了事，其實這些工作大部分還是外婆負責。我想起沉重的功課，和翌日的考試，覺得前途就像快速都市化市區裡的這一畦菜園，蹇促，缺乏希望。天色漸暗，外婆收割好茼蒿、空心菜、韭菜、蔥，蹲在菜園邊的灌溉溝渠清洗根莖上的泥土，我覺得我的前途跟著那些泥土流失了。

天色黑了，外婆已年邁，步履遲緩，我努力壓抑著一些不耐煩的情緒，牽著腳踏車和她正要穿過汽機車呼嘯來往的中華路，我趁車行空檔迅速穿越馬路，看對面的外婆還遲疑不敢通過。我覺得等了很久，想起功課和考試，越來越焦慮，隔著來往奔馳的汽機車對她咆哮：「趕緊啦！我還要轉去寫功課。」我記得我的外婆，我清楚記得她蒼老害怕的形容，站在對面遲遲不敢過來。黃昏的天色透著薄涼，奔匆的汽機車急急馳向黑暗。

幾十年過去了，我總是看見她的背影，那畦菜園在記憶中越來越大，那條灌溉溝渠奔流如溪，「殷勤繞畦水，終日為君忙」。

中國知識分子咸信躬耕的生活美學，大概認為農事單純得與世無爭，尤其在政治逆境後，往往想退隱鄉間從事農務，遠離帝力。蘇軾謫居儋耳時，到市集買米，覺得不是勞動所得，即使飽食也殊乏味道，愧而作〈糴米〉，前八句：

糴米買束薪，百物資之市。
不緣耕樵得，飽食殊少味。
再拜請邦君，願受一廛地。
知非笑昨夢，食力免內愧。
春秧幾時花，夏稗忽已穟。
悵焉撫耒耜，誰復識此意。

有農務經驗的人皆知，此種生產美學（aesthetics of production）包含了專業知識、技術、工具、產品、環境、經濟，和體力勞動，這年頭更牽涉道德。通過勞動所獲，除了物質收益，亦能激發喜悅，振奮情緒；那是疲憊厭倦之後的滿足和安慰，協調了精神與身體。

蘇軾的勞動美學是很可以理解的，〈和陶勸農六首 并引〉敘述海南人以買賣木香為業，不事農務生產，到處是荒廢田園，導致糧食不足，只能取藷芋雜米煮粥糜，因而規勸大家改進農具，開荒耕種：「聽我苦言，其福永久。利爾耝耜，好爾鄰偶。斬艾蓬藋，南東其畝。父兄搢梃，以抶游手。」

一日下午走在杭州南路，見路邊一小板車，上載些自耕蔬果，南瓜、香瓜、哈密瓜、鳳梨、紅蔥頭、蒜頭，並無菜主，自取貨物，自找零錢。范成大的詩境常澆灌我的農務想像：「桑下春蔬綠滿畦，菘心青嫩芥薹肥。谿頭洗擇店頭賣，日暮裹鹽沽酒歸。」擁有一畦菜園是莊嚴的，高尚的，自食其力，吃不完還可以販售。

直到中年我才真正歡喜農作，歡喜跟土地那麼接近，我夢想家裡有一畦菜園，每日採摘烹煮，嚮往蘇軾〈擷菜〉的境界：「秋來霜露滿東園，蘆菔生兒芥有孫。我與何曾同一飽，不知何苦食雞豚。」我逢人打聽是否有適合的農地租售？

我也是中年以後才逐漸愛上蔬食。江含徵評《幽夢影》：「寧可拼一副菜園肚皮，不可有一副酒肉面孔。」

焦妻見我一天到晚在外面暴飲暴食，酒肉面孔委實可憎，大概又不想太早變寡婦，遂每天早晨用大黃瓜、苦瓜、青蘋果、青椒、芹菜五種蔬果打汁，命我出門前先喝下；我嫌滋味欠佳，建議加入奇異果或鳳梨；有時覺得味道太淡，自作主張多吃了一根香蕉。如果當天的早餐吃清粥小菜，則蔬果種類累積超過十種；焦妻搖搖頭，連蔬果也能暴食。

多年來我都維持著這種習慣，刻意的生活方式也許是一種懷念的方式。我常追憶一起在江南吃馬蘭頭拌香干，風味極妙。

一次在南門市場買到薺菜，驚喜之餘竟忘了問哪裡種的？後來再去，皆尋菜未果，久而已不復問津。薺菜是浙東人常吃的野菜，野菜總是比菜園裡種的蔬菜多一些清香，吃起來令人放心，帶著一種舒爽的田園風。陸游〈野菜〉：「老農飯粟出躬耕，捫腹何殊享大烹。吳地四時常足菜，一番過後一番生。」陸游超愛吃薺菜，曾作五言古詩詠薺菜。我在上海較常吃到的薺菜是涼拌——先焯過，切碎，拌切成細丁的香干和薑末，再澆一點香麻油、醋。上桌前，通常摶成寶塔形，動筷子時再推倒，拌勻。

另一種我愛吃的野菜是金花菜，又喚三葉菜、苜蓿，上海人稱「草頭」，原本是馬在吃的，如今已馴化成園蔬，我難忘獨自在「德興館」大啖草頭圈子的痛快感。

我超愛吃水果，卻是不及格的失意果農。木柵舊居有前後院，加起來不下六十坪，除了栽植花草，我還試種桑葚、柚子、番石榴、木瓜等果樹，說來羞愧，大約十年間，總共僅收成過兩粒其貌不揚、其味惡劣的柚子。非失耕之罪，可能是院子太缺乏日照。將來若得一小塊日照充足的土地，我很想復耕雪恥。

臺灣堪稱水果之鄉，連雅堂《臺灣漫錄》載：「臺灣果子之美者，有西螺之柑，員林之蕉，鳳山之鳳梨，麻豆之文旦」；如今物換星移，好果競出轉精，諸如旗山之蕉，三灣之梨，拉拉山之水蜜桃，恆春之蓮霧，玉井之芒果，南投之鳳梨，高雄之荔枝，彰化之葡萄，屏東之龍眼，臺東之釋迦，花蓮之西瓜……

只有蔬果才能表現季節的節奏感，肉食難以體會季節性，我們什麼時候吃什麼肉，差別甚微。古往今來，農民們依循節氣變化，栽種適時的蔬果，以求收穫豐碩。農諺：「正月蔥，二月韭，三月莧，四月蕹，五月匏，六月瓜，七月筍，八月芋，九芥藍，十芹菜，十一蒜，十二白」。購買與食用當地當季的新鮮蔬果，美味，平價，保護環境，也保護人體，令飲食配合大自然的節奏。

不像肉品以肉質香（Osmazome）征服吾人的味覺，蔬菜表現雲淡風輕的美學。世人多覺得清淡則寡味，因此素不如葷，其實清淡之味與美食並不衝突，反而更能貼近原味。

關鍵在廚師的手段。任何食材淪落獃廚手中，都只能拜託佛祖保佑；唯高明的庖人能令各種食材表現各自的優點，唯舌頭敏銳的美食家能欣賞清淡味。

蔬菜之美在於清淡，我認為鍛練味覺可以從季節時蔬開始，味蕾若疏於品嚐清淡之味，一旦習慣了重口味，就變得呆滯昏眊，再難以欣賞清淡之美。蔬菜的清淡美帶著禪意，甚至連接了天堂。日本詩人川端茅舍的俳句：「ぜんまいののの字ばかりの寂光」（滿眼薇菜盡の字，寂光淨土界），薇菜的形狀像「の」，這俳句用了四個の字，許多の字疊在一起，除了狀薇菜之多，予人寧靜之感，「の」的聲調反覆出現的回聲，暗示靜寂的佛土。

青蔬不見得總是配角，在高明的廚藝下，隨時可以獨當一面。有一天中午餐館試菜，老闆以花椒爆香，將綠豆芽掐頭去尾，過滾水後入鍋稍微煸炒，暴躁的花椒提醒了豆芽菜的清新脫俗。這是一道厲害的開胃菜，它召喚的食慾來勢兇猛，那一餐我胖了三公斤。

蔬菜通常以菜心為美，菜梗、菜根等而下之，嚼菜根因此轉喻為勵志話語，菜根通常是苦的，嚼食乃有很深的寓意，略帶苦味，苦中又透露一絲絲甜，俗諺「咬得菜根，百事可作」，鼓勵人們能吃苦勇於吃苦。白蘿蔔就有一點清苦，可有些菜根不苦，如慈菇、番薯、蘿蔔、山藥、馬鈴薯之屬。

清苦並不可畏，相對於其它行業，文學創作即稍顯清苦，寂寞自持，帶著嚼菜根的意志，將來，將來有一天。不管事業是否有成，將來，還是要繼續嚼菜根。

食物精緻、清淡到一定程度，必須仔細品賞，認真吟味。尋找美食即是尋找美。如今我依然每天早餐吃下近十種蔬果；空腹喝的那杯蔬果汁，有一點點苦，一點點酸，略甜，強勁的生蔬味，諸味紛陳。可惜焦妻看不到我如此認真拚一副菜園肚皮。

蔬之屬

# 青蔥

全年，三星蔥產期爲二－十月、粉蔥爲十一－五月、大蔥與珠蔥爲十二－五月、北蔥爲五－十月國中時每天陪外婆種菜，施肥，澆水，收割；我能熟練地運用長柄瓢杓舀一些糞便，再挹取圳溝水遠遠潑灑出去，那水肥在空中形成一道弧線，準確淋入菜畦。有次我提著兩桶糞便到菜園，一路晃盪，右手那桶的繩子鬆脫，糞便傾瀉，我低頭看見腳上蠕動著許多蛆，忽然厭惡有機肥。

每天黃昏，我帶著收穫的蔬菜回家，蔬菜總是隨著季節變換，唯獨那畦青蔥，似乎永遠拔不完，每天供應著我家廚房。

蔥之為用大矣，爆，煮，炒，煎，蒸，炸，拌，烤，煸，熘，燒，燜，爆，燉……幾乎適應了中華料理的各種技法，不敢想像，烤鴨沒有蔥怎麼吃？煎魚、蒸魚沒有蔥怎麼辦？

「怒目主義」者阿Q以精神勝利法維護自尊，他進了幾回城之後更加自負：家鄉油煎大頭魚都加上半寸長的蔥葉，城裡則加上切細的蔥絲，「未莊人真是不見世面的可笑的鄉下人呵，他們沒有見過城裡的煎魚！」煎魚、蒸魚、京醬肉絲之屬固然用蔥絲；吃烤鴨、爆牛肉、炒花枝、燒海參卻要用蔥段。

青蔥太普遍了，常令人忽視了它的美好。陸游〈蔥〉歌詠：「瓦盆麥飯伴鄰翁，黃菌青蔬放箸空，一事尚非貧賤分，芼羹僭用大官蔥」。南宋理學家朱熹貶謫回家鄉，以講學維生；村人窮，僅以麥飯佐蔥湯招待；女兒嫌其寒傖，面露不悅，朱熹遂作〈勸女兒〉告誡：「蔥湯麥飯兩相宜，蔥補丹田麥補脾，莫道此中滋味少，前村還有未炊時」。很多湯品在起鍋前都會撒一點蔥花，那湯有了蔥花提醒，像一首好聽的歌。

潘岳〈閑居賦〉：「菜則蔥韭芋，青筍紫薑」，蔥豐富了東方烹飪。蔥花蛋大概是常見簡單的料理，廚藝再差也很難失手。小蔥拌豆腐則寓含「一青二白」的意思，翠綠的小蔥，搭配雪白的豆腐，清爽，雋永。

其實蔥本身就一青二白，綠色葉片與綠色葉柄部稱「蔥青」，葉鞘一層層包裹成管狀的白色假莖，稱「蔥白」。蔥白討喜，加長蔥白的辦法是阻斷陽光，可追加覆土或蓋著稻草。

若按蔥白之長短則可粗分兩種：大蔥植株高大，蔥白甘甜，在北方栽培較多；南方多小蔥，又叫香蔥，一般都生食或拌涼菜用。南方人多食小蔥，北方人則嗜大蔥；在臺灣吃北京烤鴨，美則美矣，可惜無大蔥蘸麵醬。

青蔥的別名甚多，包括：綠蔥、北蔥、日蔥、大蔥、珠蔥、葉蔥、胡蔥、蔥仔、菜伯、水蔥和事草等等。蔥原產於中國西北及西伯利亞貝加爾湖一帶，含大蒜辣素，乃烹調海鮮、肉品不可或缺的去腥提味香草，是華人重要的辛香蔬菜，家家戶戶的廚房都有，幾乎每天都用得到。盛產時，菜市場買蔬菜，菜販總是隨手贈送一把青蔥。一個缺乏青蔥的蔬菜攤是值得自卑的。

臺灣目前栽培的蔥品種有「北蔥」、「四季蔥」和「大蔥」，北蔥蔥白粗而短，蔥綠稍硬，產地以雲林、彰化為主地。三星蔥的蔥白細長，蔥綠纖嫩，乃四季蔥品種的蘭陽一號，適合冷涼氣候，葉身較北蔥大，葉肉較厚而柔嫩，四季均能生長，故稱四季蔥，除夏季生長較差，其他季節皆能生長得很好，尤其秋冬季節，生育力強，分櫱多，常分株來繁殖，故也叫九條蔥。

三星蔥堪稱蔥中貴族，代表高尚，美味。口感甘，嫩，不顯辛嗆；產區在人和、萬德、萬富、貴林幾個村，主要是水源、土壤和氣候特別適合蔥生長。宜蘭三面環山，東臨太平洋，蘭陽平原輪廓呈三角形，地勢由平原向三面環山地帶遞漸隆起，初為丘陵地，再則為高山。因地處臺灣東北，地形影響，加上面迎來自太平洋的東北季風，全年雨量充沛。

三星鄉位於蘭陽溪上游，水質清澈，乃蘭陽平原的最高點，居雪山山腳下，日夜溫差大，令青蔥生長速度較緩，葉肉厚，蔥白長，纖維細緻；加上陶冶在嵐霧氤氳中，成就三星蔥美麗的身材和獨特的風情。聽說有些不肖業者，運送別處生產的青蔥到三星鄉清洗，包裝，再假冒三星蔥銷售至果菜市場，以提高利潤。

蘭城晶英酒店「紅樓」餐廳吃烤鴨餐，有一道生蔥和炸蔥，直接就上三星蔥，充滿了自信。紅樓包烤鴨的餅皮，加了大量三星蔥，使它的烤鴨有華麗的身影。在臺灣吃蔥油餅，商家總喜歡標榜選用三星蔥。胡弦在《菜書》中贊美：「蔥油餅是餅的美夢，因為蔥香，麵皮也跟著香得像得了要領，格外濃郁」。

蔥性溫，含揮發性精油硫化物，可以抗菌殺菌，幫助化痰及緩解喉嚨痛。中醫說蔥能降血壓、降血糖、降血脂，好像為拯救我而來，實在應該每天吃。不過，蔥是華人的「五葷」之一，過量易傷腎。《本草綱目》：「所治之症，多屬太陰、陽明，皆取其發散通氣之功；通氣故能解毒及理血病。氣者，血之帥也，氣通則血活矣」。

此物能促進消化液分泌，健脾開胃。其揮發油成分含蒜辣素，頗能抗病毒，除了預防流感，消滅陰道滴蟲，也能抑制白喉桿菌、結核桿菌、痢疾桿菌、葡萄球菌、鏈球菌和多種皮膚真菌；蒜辣素能抑制癌細胞的生長，所含果膠可減少結腸癌的發生。常吃蔥的人，膽固醇不高，多體質強健，因而有民間諺語：「香蔥蘸醬，越吃越壯」。

蔥的發音很吉祥，從前臺灣未字之女例在元宵偷蔥菜，俗諺：「偷得蔥，嫁好尪；偷得菜，嫁好婿」。

一株青蔥，白與青相間，漸層，形體色澤頗淡雅清秀，難怪古來許多騷人墨客用以描述美麗的事物，《周禮．天官》載：「盎猶翁也，成而翁翁然蔥白色」；漢樂府《焦仲卿妻》描寫新婦：「指如削蔥根，口如含朱丹。纖纖作細步，精妙世無雙」。

蔥最怕颱風季節，產量少，又容易泡水腐爛。我愛它，經過冬天一番寒徹骨的淬練，亭亭玉立，成就春日的香辛；卻青春般脆弱易折。

# 紅蔥頭

一—二月

紅蔥又稱珠蔥、分蔥、四季蔥頭、大頭蔥，英文名shallot，原產於巴勒斯坦，是一種小型蔥，屬洋蔥家族，長相介乎洋蔥、蒜頭間。成熟時，基部結成紡錘形鱗莖，鱗衣紫紅，裡面的肉則呈淺紫近白，曬乾後即是「紅蔥頭」。

成熟的紅蔥頭往往是兩三瓣團聚在一起，形成球狀，貌似蒜頭。臺灣人廣泛使用紅蔥頭，最常以豬油或葡萄籽油炸成「油蔥酥」；油炸時須謹慎掌控溫度，油溫過高會變焦變苦，太低則炸不出香味。選購時，以鱗莖較細長者較香。

此物比蒜頭香，又不像洋蔥那麼嗆，香味及辛辣度都相當含蓄，似乎帶著哲學的思維。紅蔥頭生吃熟食皆宜，可謂料理中的蕭何，輔佐菜餚成就美味；這料理中的最佳配角，從不強出頭，主要任務是提升食物香氣，其為用大矣，幾乎可運用於各種烹調工法，舉凡蒸、炒、煮、炸、焗、滷、燜、拌、烙、熗皆無不可，如炒肉，焗排骨，羹湯，拌麵，燜肉，燙地瓜葉，都可見其身影。紅蔥也可以整株當蔬菜炒來吃，作為蔬菜的歷史久遠。

有時我會邀家人和朋友在木柵老泉里散步，山林景緻總能滌除塵慮，運動流汗又令人神清氣爽。吸引我去爬山的，恐怕更是山腰那家餐館「野山土雞園」，我歡喜吃他們自種的山蔬野菜，每次去例必點食炒珠蔥，那珠蔥顛覆了蔥只能爆香提味的功能，清香爽口，吃進嘴裡，彷彿沐浴習習山風，覺得自己和大自然緊緊相擁。

臺灣紅蔥頭產地以臺南、雲林為大宗，農曆年後是盛產期，約莫清明前即採收結束；

從前多以吊掛方式乾燥保存。也有人在自家頂樓或陽台栽培，以秋季播種為宜，生長發芽率高，全年皆可種植。

我一直覺得南洋食物有親切感，可能是娘惹菜大量運用紅蔥頭。法國所產的紅蔥頭品質優良，依外皮分有灰皮、粉紅皮、金棕皮三種，味道殊異，他們愛用新鮮的紅蔥頭爆香；或將之浸泡於橄欖油中，方便烹飪中隨時取用；或做成葡萄酒醬、雞蛋奶油醬（bearnaise sauce），搭配各種沙拉、魚、肉增香。

臺灣人最普遍的用法是將它炸成酥脆的油蔥酥，廣泛運用於各種吃食，如製作XO醬，或麵湯、拌青菜，風味小吃滷肉飯、焢肉飯、擔仔麵、沏仔麵、粽子等等更是少不了它。家裡自製過粽子的人皆曉，餡料中的靈魂就是油蔥酥，粽子內可以沒有肉，沒有鹹蛋黃、栗子之屬，卻不能缺乏它；我們備料時總是先細切紅蔥頭，邊切邊吹電風扇，吹走刺激淚腺的辛味。

我很難想像，臺灣人的餐桌若沒有了紅蔥頭，生活將多麼乏味。

清晨出門，上學、上班的人潮還未湧現，街頭那幾家麵攤已開始營業，攤前的蒸氣升騰，召喚過往人的飢餓感。坐定，點食陽春麵，湯上照例飄浮著油蔥酥，畫龍點睛般，使那碗麵看起來精神飽滿。一碗陽春麵沒吃飽，再叫一碗乾拌麵，自然是拌了油蔥酥，香味濃厚實在，很快就又吃得乾乾淨淨，卻強忍住不吃第三碗。路上的行人漸多，捷運站前已蜂湧著人潮，胃腸裡有了油蔥酥麵條，彷彿多了一種振臂工作的能量；今晨只吃了兩碗麵，忽然很欣賞自己的克制力。

一天的清晨由紅蔥頭來開啟是美好的，那氣味，寧靜地進入心扉，在陽光明亮的路上。

古希臘、羅馬人常吃紅蔥頭，視它為春藥，似乎沒什麼根據。然則紅蔥頭有一種鎮定的力量，撫慰海外遊子的鄉愁，按摩吾人的腸胃。

# 馬鈴薯

一—二月

家居羅斯福路那幾年，兩個女兒都愛吃師大夜市的焗烤馬鈴薯，店裡的口味不少：培根，火腿，鮪魚，玉米，蘑菇，燻雞肉，雞蛋，青花椰，什錦水果。一盒薯泥上舖了厚厚一層起司醬，上面再撒些香料。我們搬遷到木柵後不曾再去買，那橘黃的起司馬鈴薯氣味一直在記憶中飄香。為了討好小情人，我在家烹製：馬鈴薯戮細洞，烤熟，對切，挖出薯肉壓成泥。培根切丁，青花菜煮熟，切小塊，和培根同煎。加入薯泥拌勻，回填馬鈴薯容器內，上覆起司，烤至起司融化。

這種作法稍費時間，圖的是以時尚形式取悅小姑娘。我忙碌時較常炒馬鈴薯：所有材料切丁，炒火腿或香腸或培根，令馬鈴薯吸收肉脂味，彷佛樸素的身影有了華麗的轉變。

日本詩人長田弘有一首詩描寫碎肉炒馬鈴薯〈Hashed Brown Potato〉（ハッシュド・ブラウン・ポテト〉，說最好是經過尋常的街道，無意間發現的咖啡廳，晨光映照老舊而乾淨的餐桌上，啜飲熱咖啡，抽煙，吃煎得美好的培根肉和馬鈴薯：

馬鈴薯切得很細，
焦得很漂亮，互相黏在一起
放進嘴裡會，就會有爽脆的口感。
晚上事先洗淨馬鈴薯放在鍋子裡，

注入充分的水，放進一匙鹽巴開火。
煮到稍微有點硬，熄火瀝乾水分。
趁熱立刻剝皮。
再放入鍋內，覆上鍋蓋，放在陰涼的地方
讓它休息。早晨，把它切成小塊。
使用煎過培根的油，是秘訣。
用 Hashed Brown Potato 算命吧。
如果味道很棒，你可以過很棒的一天。
美國的早晨，牛仔褲與微笑很適合。
Hello 這很單純的招呼，是一切的一切。

吾人食用的是其地下塊莖。馬鈴薯起源於秘魯南部，十六世紀下半葉引進歐洲，咸信是西班牙人帶回，大仲馬卻斷言是伊麗莎白時代的探險家沃爾特·羅利爵士從弗吉尼亞帶到英國。因為種植容易，十八世紀中葉，已普遍成為歐洲人的主食，並促使人口快速增長。一八四五年至一八四八年間，歐洲晚疫病（late blight）流行，枯萎了馬鈴薯種植業，愛爾蘭災情最慘，大欠收所引發的饑荒餓死了一百萬人，另外有兩百萬人出逃，其中大部分移居美國。

人工栽培馬鈴薯已超過七千年，是目前全球第三大糧食作物，僅次於小麥和玉米，在中國因酷似馬鈴鐺而得名，別稱甚夥：爪哇薯、土芋、地豆、土生、香芋、洋山藥、山藥豆等等；各地稱呼不一樣，中國東北稱馬鈴薯為土豆，西北叫洋芋，華北喚山藥蛋，江浙一帶名洋番芋、洋山芋，港、粵呼薯仔……品種非常多，全球有幾千種，常見圓形、卵形和橢圓形，表皮有芽眼，顏色包括紅、黃、白、紫。

現在，全球的產量以中國最多，它性喜冷涼乾燥，主產區在西南山區，及西北、內蒙古和東北地區。此物雖則耐貯存，但芽裡面含有「龍葵鹼」毒素，發芽後毒性劇增，因此見芽眼四周變綠、變紫，或吃起來帶著苦味，都表示毒素量超過了安全值，就不要再吃了。

馬鈴薯營養結構很合理，有「地下蘋果」、「皇帝柑」之稱。做法很多，可當主食，也可作蔬菜，更普遍加工為澱粉、薯條、薯片，和種類繁複的糕點。英文有「沙發上的馬鈴薯」（couch potato），意謂慵懶地長久窩在沙發上看電視，邊看邊吃薯條、薯片。

于天文〈姥姥做的土豆菜〉敘述姥姥擅烹馬鈴薯，做法大抵是炒、熘、燉、熗、炽，皆為中式常見的料理：炒，主要是炒土豆片和土豆絲，外脆內軟、酥嫩相宜。熘，除了保持炒土豆的特點外，又增加了幾分滑潤。燉，則是燉土豆塊和土豆片，鬆爛利口。熗，多是熗拌土豆絲和土豆丁，涼脆、清淡、爽口。炽，即是炽土豆醬，先將土豆炽熟，搗成泥狀，再拌上炸醬，色澤白裡透紅，味道鮮美鹹香。

我覺得它最迷人之處在深刻的生活味。無論聶魯達或帕思，他們歌頌的馬鈴薯，或明喻或隱喻，總是透露厚實的生活況味。毛澤東有一首仿古體詞：「還有吃的，土豆燒熟了，再加牛肉。不須放屁，試看天地翻覆。」作詩作到如此土里土氣，還能被一代人捧誦，天下也僅他有此能耐。他的世界太高了，我窺探不到。

這種舶來品已經徹底本土化，而且土得憨厚，土得理直氣壯。從帝王傳播到平民，意義已翻轉，老少咸宜了；它通常很廉價，窮人也消費得起。馬鈴薯已深入中國人的生活，飽滿著生活的滋味，李繼開的詩作生活味濃厚，〈吃土豆的人〉：「過生活去吧／我們只有一個結果／相應這結果的／也只有一種過程／比如今天的糧食是土豆／我們就應該從土裡拔出身來」，馬鈴薯成為日常生活的符碼，常用來關懷小人物，描繪社會底層的生活。

高中時初讀梵谷，即被他的畫作《吃馬鈴薯的人》震撼，後來在阿姆斯特丹的梵谷博物館目睹真跡，感動不已。昏黃的燈光下，特別強調那粗糙的手，向土地索糧的雙手；那麼厚塗的顏料，色調灰暗，那麼缺乏光澤的農民，那麼現實的生活，那麼憔悴的形容，那麼像馬鈴薯的窮人。

在臉書上看見么女貼文：

餐廳裡看到一對母女很甜蜜的喝著一碗湯。以前覺得穿母女裝是一件很蠢的事，現在突然好想去買一套母女裝，穿著和妳一起吃一頓飯，聊聊學校的生活……什麼時候開始，已經不會夜夜掉眼淚？

是妳教會我堅強，可是長期以來，我的堅強只能用來面對世界，在妳面前，我永遠都很軟弱，因為當全世界都要我堅強、勇敢的時候，只有妳會擁抱我，叫我用力的哭出來，現在妳不在了，我去哪休息？

雖然早已習慣妳不在身邊的日子了，可是每每在路上看到母女走過，都好羨慕，一次也好，好希望可以再抱著妳說一次我愛妳。

我決心努力陪伴她，每天接送她上學、下課，盡可能做早餐給她吃，願小妞的生活結實飽滿得像一個馬鈴薯。

# 韭菜

全年，春季最盛。韭菜花產期為八—十月、韭黃為九—十二月我愛吃韭菜，韭菜水餃、韭菜盒、炒韭菜花，食物有了韭菜，似乎更美好了起來。韭菜盒中我尤其服膺臺北「宋廚菜館」，很奇怪，這種普通點心竟需預定？原來是麻煩。宋廚並非專賣北方點心的小館，若特別為三兩個客人製作則顯人手不足，只好不列入菜單中，食客一次需預定十個以上才作。這裡的韭菜盒大約比市面上所習見的小巧，皮薄餡厚料細，韭菜、粉絲、蝦米和煎乾的蛋皮結合得相當準確。

人類食用韭菜的歷史悠久。它原產於地中海，埃及人在西元前三千多年前即已栽培種植。以色列人在埃及時就常吃，出走至曠野時猶念念難忘，哭號說：「我們記得，在埃及的時候不花錢就吃魚，也記得有黃瓜、西瓜、韭菜、蔥、蒜」。《民數記》11章5節這段文字，所載的蔥是洋蔥（onion），蒜是大蒜。韭菜和青蔥、蒜最大的不同是沒有球莖，它堪稱是窮人的食物，所以leek這個字象徵卑微，吃韭菜意謂忍氣吞聲、含垢忍辱。

古人相信韭菜有壯陽效果，別名「起陽草」，當年我還刻意寫進《完全壯陽食譜》。韭菜還叫草鐘乳、起陽草、洗腸草、長生草、扁菜，中醫認為有健胃，提神，止汗，固澀等功效。入藥的歷史可以追溯到春秋戰國時期。

韭薹是韭菜的花軸，嫩的時候炒來吃很美；韭花也宜調味，我們吃酸菜白肉火鍋就少不了韭花醬。五代楊凝式《韭花帖》乃他吃了皇帝賞賜的韭花，立即寫的感謝奏摺：「晝寢乍興，輖饑正甚，忽蒙簡翰，猥賜盤飧。當一葉報秋之初，乃韭花逞味之始，助其肥羜，實謂珍羞。充腹之餘，銘肌載切。謹修狀陳謝，伏惟 鑒察謹狀」。此帖與王羲之《蘭亭序》、顏真卿《祭侄季明文稿》、蘇軾《黃州寒食詩帖》、王徇《伯遠帖》並稱「天下五大行書」，更堪稱史上最美味的書帖。這帖六十三字的信劄，字體介於行書和楷書之間，布白舒朗，清秀灑脫；敘述午睡醒來，肚子餓得要命，恰好有人餽贈韭花，非常可口，遂濡筆謝恩。

古詩詞吟詠韭菜不少，杜甫〈贈衛八處士〉描述戰亂荒年，巧遇二十幾年不見的老朋友，「夜雨剪春韭，新炊間黃粱」，邊品嚐清香的春韭、黃粱，邊飲酒敘舊，其中飽含著「世事兩茫茫」的滋味。春韭有了夜雨當背景，一直是很風雅的事，明．高啟有一首五言絕句：「芽抽冒餘濕，掩冉煙中縷，幾夜故人來，尋畦剪春雨」。

收成韭菜不宜在烈日當空時，最好在下雨的時候，古諺「日中不剪韭」有其農作意義，陸游也說：「雨足韭頭白」。

韭菜在中土開發甚早，最晚到周代已開始種植，《大戴禮．夏小正》記載「囿有韭」即是證據。《詩經．豳風．七月》詠道：「四之日其蚤，獻羔祭韭」，春天的韭菜風華正盛，鮮嫩美好，用來祭祀充滿了敬意。

這種多年生常綠草本植物，具宿根性，耐寒，喜陰濕，深綠色的葉子細長扁平，帶狀，閉合狀的葉鞘形成假莖。韭菜很適合懶人耕作，種植之後可連續採收多年，不用翻耕，只需要一把鐮刀，割了又長，長了再割，胡弦《菜書》如此妙喻：「韭菜類似老婆，娶回家後寒暑不易，省心；其他菜類似情人，要看季節，且需小心侍候，累得多」。宋．劉子翬詩云：「肉食終三韭，終憐氣味清，一畦春雨足，翠髮剪還生」。明代周翼也盛贊：「夜雨剪來茸自長，春風吹起碧初勻」。

有人偏愛韭黃。韭黃得在弱光環境中培養，因為缺乏陽光，葉綠素被分解成葉黃素。蘇東坡：「漸覺東風料峭寒，青蒿黃韭試春盤」。

到了夏天，韭菜開花很漂亮，也很美味，元．許有壬愛極了韭花的味道，作五言律詩歌詠：「西風吹野韭，花發滿沙陀，氣校葷蔬媚，功於肉食多；濃香跨薑桂，餘味及瓜茄，我欲收其實，歸山種澗阿」。

我覺得那重辛的味道似乎，可以喚醒昏眊的味覺記憶，和心神。在懵懂的童年，知道了父親離去的晚上，母親含淚做晚餐，那盤韭菜花炒蛋的滋味我永遠記得。韭菜發音久，不管普通話或閩南語，都帶著長長久久的願望，期待。

# 洋蔥

一—四月

工作室附近有一家食堂，招待小菜是涼拌洋蔥：洋蔥切絲，撒些白芝麻，淋上和風醬汁，溫和了原來的辛嗆味，清脆，爽口，透露淡淡的清甘。我有時覺得，好像是為了那盤洋蔥才常去的。

洋蔥一般作調味用，主要食用部位是鱗莖，生吃熟食皆宜，生菜沙拉即少不了洋蔥。加入奶油、乳酪烹煮，是法國料理常見的洋蔥湯。它可能是人類運用在烹飪最廣泛的蔬菜之一，很難想像，若沒有了洋蔥，烹飪將多麼乏味。

法國人對洋蔥湯有一種優越感，大仲馬講過一道「斯坦尼斯拉斯洋蔥湯」的故事：波蘭國王斯坦尼斯拉斯每年一次往返呂內維爾、凡爾賽之間，探視他的女兒——法國王后。有次途經薩隆，在一家小餐館用餐，喝到一碗鮮美異常的洋蔥湯，遂暫停趕路，決心先學會這湯的作法。他披著睡袍進廚房，要求廚師仔細演示一番，直到自己確實掌握了洋蔥湯的作法，才回到火車包廂。

洋蔥乃百合科，蔥屬多年生草本植物；別名不少，包括：蔥頭、洋蔥頭、玉蔥、球蔥、圓蔥、胡蔥、洋蒜、皮牙孜。我們吃的是它粗大鱗莖，即洋蔥頭，呈球形至扁球形；鱗莖外皮大抵顯紫紅、褐紅、淡褐、黃色及淡黃色，肉質肥厚。

羅馬人跟洋蔥的感情頗為深厚，歡喜它的風味，並相信洋蔥能治療失眠、咳嗽、喉嚨疼痛；尼祿感冒時就吃洋蔥治療。朱庇特大戰諸神，一路逼得祂們潰逃到陸地邊緣，諸神見退無可退，臨機把自己變成洋蔥，以躲避盛怒中追殺不捨的朱庇特。洋蔥之名onion即是羅馬人所取，現在品種甚多，如日本洋蔥個頭較小，味道濃郁；西班牙洋蔥個頭大，其鱗莖外皮有白有紅有淺黃，果肉略呈紅色，風味輕淡，宜於生吃，常用來拌沙拉。

埃及算較早種植洋蔥的地區，古埃及莎草文書記載，修建金字塔的奴隸以洋蔥、蒜頭為主食。除了靠它賜予力量，也視它為神聖物品，三千年前的陵墓上蝕刻著洋蔥，古埃及人將右手放在洋蔥上起誓，以證明自己的誠實，其作用類似聖經。

歐洲人尤其鍾愛洋蔥，譽為「蔬菜皇后」，起初產於中東一帶，如今已流行全世界。中世紀，西歐人尚未掌握栽培技術，進口成本相當高，洋蔥的價格昂貴，常被用來替代貨幣付款，或當作結婚禮物。

臺灣這方面的開發相當晚，一九五〇年代，由美國引進短日照的品種，開啟了臺灣的洋蔥緣，才開始量產洋蔥，現在已是重要的農作物，其中以車城的產量最大，約占全臺產量的一半。

除了美味，中醫早就說洋蔥可清熱化痰，理氣和胃，健脾消食，發散風寒，溫中通陽，散瘀解毒，提神健體。主治食積納呆，腹脹腹瀉，創傷，潰瘍，婦女滴蟲性陰道炎，外感風寒無汗，鼻塞，高血壓，高血脂，動脈硬化。現代醫學更證實：洋蔥的重要成份槲黃素（Quercetin）能抑制癌細胞生長，還能降血壓，幫助骨骼生長。

洋蔥有較強的殺菌作用，可提高胃腸道張力，其鱗莖和葉子所含辛香辣味油脂性揮發物，能抗寒、抵禦流感病毒。美國南北戰爭時，聯邦軍隊非常依賴它，以避免部隊流傳痢疾。

胡弦起初不喜歡洋蔥氣味，又說洋蔥葉子與家蔥無異，但家蔥的地上莖、地下莖都是堂堂正正地長；不像洋蔥，上面看不出異樣，地下莖卻暗暗長大，似在悄悄搞小動作，像陰謀詭計。他在《菜書》中表示，自己後來變得愛吃洋蔥，認為洋蔥比許多水果口感都好，覺得用它來比喻愛情最貼切，勝過許多甜甜蜜蜜的水果：「洋蔥的氣味能刺得人流淚，但吃起來，辛辣過後，卻有種水靈靈的清甜。愛情開頭也許更像甜蜜的水果，但到了最後，更像是洋蔥」；「不但於愛情，洋蔥對於整個的人生都是有啟迪的。有人說，回憶過去就像剝洋蔥，常常讓人流淚。也有人說，生活就像剝洋蔥，你必須一層一層地剝下去，雖然有時候你被嗆得淚流滿面，但你要堅持」。

因為洋蔥含有氨基酸亞碸一類的有機分子，賦予它特殊味道。切割洋蔥組織，會釋放「蒜胺酸酶」（Allinase）的酵素，分解氨基酸亞碸，轉換成一種硫化物次磺酸，次磺酸再重組成揮發性硫化物分子，刺激吾人的眼睛神經，逼出眼淚。

我愛吃龍岡黃雙芝所作破酥包，她的鹹破酥包內餡先用洋蔥炒豬肉，風味迷人；我見過黃雙芝戴著蛙鏡切洋蔥，模樣有趣，憨厚。其實生洋蔥先泡冰水，即可緩和辛嗆味。

艾斯奇弗（Laura Esquivel）小說《巧克力情人》（*Like Water For Chocolate*）敘述者一開始的敘述：「洋蔥要細細切碎。我的訣竅是放一小塊洋蔥在頭上，如此就不會邊切洋蔥邊流下淚水。問題是一旦開始流淚，就淚如泉湧，怎麼也停不下來」。

洋蔥那麼美好，為它流下眼淚是值得的。

# 花生

春作一—三月、秋作六—十月

胡續冬來中央大學客座時，送我一包「黃飛紅」麻辣味花生，用花椒、辣椒炒山東大花生，味道熱情如火，香酥中呈現一種痛快感。

臺灣花生即源自大陸東北，《福清縣志》載：閩地原無花生，康熙年間由應元和尚從日本引進。康熙年間黃叔璥《臺灣使槎錄》已記載臺地種花生：「田中藝稻之外，間種落花生（俗名土豆），冬月收實，充衢陳列。居人非口嚼檳榔，即啖落花生；童將炒熟者用紙包裹，鬻於街頭，名落花生包。」日據時期陳金波醫師有一首七言律詩〈落花生〉：

長生佳果出扶桑，移向中原有幾鄉。
遍地如茵披葉綠，滿園若蝶吐花黃。
成油且待添齏盞，作膳猶堪佐酒觴。
我愛秋深收莢日，喫來齒頰永留香。

這首詩敘述花生的形態、功能和香濃滋味。此物濃淡皆宜，食用花生仁，常見的作法是煮和炒。水煮後綿軟滑嫩，帶著輕淡的甜味；炒花生香味濃烈，非常誘人。

炒花生可口，香酥味在嘴裡久久不散，是佐酒飲茗的良伴。我還是大學生時，學長何東升甫畢業即過世；我總是懷念和他一起飲酒吃花生米談文學，感嘆後來只能獨自買花生米回到山谷農舍，寂寞飲酒，遂作詩焚寄：「如果你恰好路過，一定，／請走進我風雨的山居，我為你／準備便宜的酒、花生和滷菜，／以及冬天經常的小火爐；／我愛聽你唱小調，偶爾／也提起家鄉的戀人。／冷風在天地間飄盪，／歲月在我們之間擱淺了；／一切彷彿才開始，也許，哎，／已經結束。如今槭葉瑟瑟，／蘆花飄白，想你芒草漫掩的墓碑，／風侵霜蝕，如一頁／斑駁的殘卷」。

我想不起來有那一場朋友聚會餐敘的場合沒有花生，它像朋友般親切，和善，自在。

臺灣土地適合種植花生，每年可以收成兩次，農曆五至七月採收的稱為「春豆」，由於採收期正值梅雨季，種植面積較小；農曆十月至十二月生產者為「冬豆」，氣候較適宜，故農民大量種植，產量數倍於春豆。

范咸〈三疊臺江雜詠十二首之七〉後四句詠地瓜、花生，和日本最愛的臺灣蔗糖：「地瓜生處成滋蔓，土豆收時祝滿盈。更有蔗漿通市舶，羈縻應鑒遠人情。」劉家謀（1814～1853）來臺四年，他的企畫創作《海音詩》一百首七絕，每首均於詩末加註，以詩證事，引註證詩，對臺灣的風土民情、政治、社會和文化，頗多觀察與描寫，其第十四首：「一碗糊塗粥共嘗，地瓜土豆且充腸。萍飄幸到神仙府，始識人間有稻粱。」他自註澎地不生五穀，惟高粱、小米、地瓜、土豆而已：

以海藻、魚蝦雜薯米為糜，曰糊塗粥。草地人謂府城曰「神仙府」。韋澤芬明經云：「鄭氏有臺時，置府曰『承天』，今外邑人來郡者，猶曰『往承天府』。神仙，殆音訛也。」

花生別名包括：土豆、落花生、番豆、地豆、長生果、落花參、土露子、落地松、落地生、地生、地果、南京豆、番果。有些歐洲國家稱為中國堅果。它的生長習性很有趣，開花授粉後子房柄向下伸長入土，而後結實，故名土豆。

土里土氣的模樣卻是舶來品，原產於南美，大約唐代傳入中土，現今大約有二十幾種，種皮有淡紅色、紅色、黃色、紫色、黑色等。「黑金剛」花生是臺灣特有黑仁種，黑色種皮為一種花青素，可溶於水，且油脂含量低，營養價遠高於一般花生。

中國古代可能有跟花生形態相似的野生植物，然則目前廣泛種植者，為南美引進。唐．段成式《酉陽雜俎》中記載「形如香芋，蔓生」，「花開亦落地結子如香芋，亦名花生」。到了清代已經是尋常食物，《紅樓夢》十九回，寶玉謅故事哄黛玉：黛山林子洞肉丸的耗子精用落花生、紅棗、栗子、菱角煮臘八粥。

華人相信花生具藥膳功能，可養血健脾，潤肺利水，理氣通乳，降壓通便。主治燥咳痰喘，腳氣浮腫，貧血，失眠多夢，血小板減少性紫癜，高血壓，白帶多，水腫，產後缺乳，腸燥便秘，高膽固醇血症等。《滇南本草》說鹽水煮花生能治肺癆，「炒用燥火行血，治一切腹內冷積肚疼」。《藥性考》記載：「生研有下痰，炒熟用開胃醒脾，滑腸，乾咳者宜餐，滋陰潤火」。

花生油色澤淡黃，清亮，香味特別濃郁，適合炸、煎、煮，如加一點煮蛋，能增添風味。花生油含大量亞油酸，能將體內膽固醇分解為膽汁酸排出，令血脂降低。花生榨油後所餘之粕是很好的田肥，謝金鑾（1757～1820）來臺後，作了不少詩描述臺灣物產、風俗，〈臺灣竹枝詞三十一首之十七〉：「荳莢花開落地生，銅缸膏火萬家明。黠灰猶作春畦糞，廣註周官土化名。」

最吸引我的是，花生中的賴氨酸可延緩人體衰老，其兒茶素也具有抗老化作用，因而被稱為長生果。不過，中醫書說，陰虛內熱、內火素旺者忌食炒花生。也不要與香瓜同食。

花生料理的變化無窮，滷，拌，醃，煮，炒，烤，炸。我愛吃花生，兼及花生加工的食品如花生豆腐、花生醬、貢糖、花生冰、花生糖、花生芝麻糊、花生巧克力……我偶爾買吐司，為的是塗抹一層厚厚的花生醬。

然則花生易對部分人群造成過敏反應，在英國，每年大約有十個人因為對花生的過敏反應死亡。更值得注意的是，花生很容易受潮發霉，產生致癌性甚強的黃麴毒素。

帶殼水煮的花生若已破裂，或手觸有黏稠感，或聞起來酸餿，則已經不新鮮；熟食花生仁若發霉、冒芽，或出現油垢味，宛如友誼變了質，別勉強吃下去。

我的生活中不能沒有花生，它有一種樸實木訥的表情，隨遇而安，輕易能和他味融合，如五香、蒜味、鹽酥、麻辣，好友般，一段時間不見就會想念。

# 毛豆

春季產期爲二—四月、秋季爲九—十一月

幾次到日本開會，晚上多被招待到「居酒屋」小酌，大家坐定，邊聊邊喝酒邊吃鹽煮毛豆，一個豆莢內通常有二到三顆豆仁，兩指輕捏即滑進嘴裡，此乃菜單中必備品項。我歡喜一頓飯由毛豆開場，自然，爽口，帶著清新的善意。臺灣的日式居酒屋也都備有毛豆，鹽煮加黑胡椒粉、八角調味，配啤酒或清酒都非常爽口。

毛豆是未成熟的大豆，即新鮮連莢的黃豆。當鮮莢發育達八分飽滿時採收，莢內帶有許多茸毛，國人遂名為「毛豆」、「菜用大豆」；在日本，摘除部分葉片後，整株連莖稈一起包裝出售，稱為「枝豆」。

黃豆多運用於食品加工如豆腐、醬油、豆瓣醬、味噌，毛豆則普遍作為蔬食。豆類中本來就屬毛豆最適合當蔬菜。

大豆種子種皮顏色有黃、綠、棕、黑等四種，它們只是「膚色不同」，古代稱「菽」，「菽乳」即豆腐，豆葉稱「藿」，莖叫「萁」；漢代之後才叫豆。曹植「煮豆燃豆萁」已成為骨肉相殘的通喻。大豆起源於中國，栽培已超過五千年，《詩經》提到不少，諸如《小雅．小宛》：「中原有菽，小民采之」；《豳風．七月》：「六月食鬱及薁，七月亨葵及菽」；《小雅．采菽》：「采菽采菽，筐之筥之」……陶淵明〈桃花源記并詩〉也歌：「桑竹垂餘蔭，菽稷隨時藝」。

毛豆喜溫怕澇，適宜於夏季高溫的溫帶地區，宋．梅堯臣〈田家語〉詩云：「水既害我菽，蝗又食我粟」。

頂級毛豆在臺灣，非基因改造，無添加人工香料、防腐劑，如「高雄九號」豆粒飽滿、口感絕佳，天然的鮮甜。

臺灣人勤儉持家已成集體習慣，最好的農產品多賣給日本人，次級品才出現市場；這一點恰恰跟日本相反，日本人很有自信，好東西總留給自己吃，次級品才外銷。臺灣毛豆多以殺青冷凍製品外銷日本。這種好東西咱們應該留著自己吃。

大概國人尚不知毛豆之營養價值和養生功能。毛豆含優質蛋白質、脂質、維生素、礦物質、醣類，素有「植物肉」之譽。其植物性蛋白質屬於完全蛋白質，含有人體所需八種胺基酸。植物性蛋白跟動物性蛋白最大的差別是，前者灰分呈鹼性，後者呈酸性；鹼性的灰分可中和體內的酸性血液，並利於腸胃的消化與吸收。毛豆有高量的鉀、鎂元素、維生素B群，膳食纖維豐富，還含植酸、低聚糖（寡糖）等保健成分，常吃能降低膽固醇，保護心腦血管和控制血壓，預防脂肪代謝異常。

此外，毛豆的卵磷脂含量也很高，可以改善高脂血症以及抑制肝脂肪蓄積，預防老人痴呆。所含的異黃酮類 (Isoflavonoids) 物質，可以消除活性氧的作用；皂素 (Saponin) 則有抗老化作用……這一切，完全是我需要的，好像上天特別的配方，用以憐憫我這樣的糟老頭。

購買時，要注意豆莢選仍有光澤、茸毛明顯者；不新鮮的毛豆往往浸過水，若豆莢發黃、茸毛色暗晦，豆莢易開裂，剝開時豆粒與種衣脫離，則表示不新鮮了。

連莢鹽煮，若適度添加花椒、辣椒和桂皮，更誘人。胡續冬有一首詩〈到哪裡能買到兩斤毛豆〉敘述說話者嗜吃毛豆，依賴它攻讀學位，妙趣天成：

天天向上到了碩士畢業論文的答辯期。
「為什麼沒有部分毛豆進京，在春夏之交的
煩躁的舌苔上，掀起一場毛茸茸的小革命？」
在國家安全局對面的西苑早市上
他找到的全是蠶豆、豌豆、豇豆、
老於世故的黃豆和被和平地演變了的
荷蘭豆。「只需兩斤毛豆，一小撮
別有用心的八角、桂皮、辣椒和花椒，
一斤用於追憶似水年華，一斤用於充當
通往博士的遊擊路上開小差的軍糧。」

我想像，鹽煮毛豆若成為日常零食，未經加工的毛豆取代油炸花生、洋芋片，將是美好的飲食文化。

程步奎〈迴文詩．第七章〉裡的毛豆則飽滿著情意：「我為妳寫詩，在大雨傾盆的街巷。我們走進一家小飯舖，／點了一碟燻魚、一碟毛豆百頁雪菜、二兩白酒，回到了夢寐思服的江南，隨著太湖裡揚起的白帆，心神蕩漾。」

江浙菜中的黃豆蹄花雖然好吃，我卻更愛毛豆菜餚。毛豆表現的是青春美，在它尚未老成黃豆時，帶著珍惜的意思。煮毛豆、滷毛豆、五香毛豆、毛豆筍丁炒雞丁、醬瓜炒毛豆、毛豆榨菜肉絲、毛豆炒蝦仁、啤酒毛豆鴨……

我下廚的初期，毛豆炒豆乾是家常菜。我常買超市的冷凍毛豆，放在冷凍庫，加大蒜稍稍烹炒即軟，美味，快速方便。豆乾是黃豆的變身，毛豆是黃豆青春時的肉體；不同的生命歷程共同成就美味，真像老少共撐一把油紙傘，在風中雨中。

# 大蒜

二—三月

冬日，街頭火鍋店總是門庭若市，往往一位難求。可惜多數火鍋店都乏善可陳，許多時候我走進火鍋店，只是為了大蒜，在調味碟中加進些許生蘿蔔泥，辣椒末，醬油，和大量的大蒜，遮掩那些奇怪的加工食品。我的生活中不能沒有大蒜，吃香腸沒有大蒜怎麼辦？吃水餃、吃麵、吃各種醃漬食品沒有大蒜怎麼辦？

我大膽以為，英國食物乏味，可能是大蒜用得太少。華特夫人（Mrs. W. G. Water）在《廚師十日談》（*The Cook's Decameron: A Study In Taste*）說：「英國人從未認識到應該謹慎地使用大蒜」、「大蒜適當地運用在湯裡，是烹調術的靈魂和基本核心」。

在普羅旺斯，幾乎所有菜餚都離不開大蒜，空氣中瀰漫著大蒜氣味，大仲馬在他的書中斷言：「呼吸這樣的空氣有益健康」。

大蒜是調味佳蔬，印度醫學之父查拉克說大蒜：「除了討厭的氣味外，其價值高過黃金、鑽石」。其硫化物含量是蔬果之冠，也許如此，歐洲民間傳說，大蒜能驅逐吸血鬼。西班牙卡斯蒂利亞國王阿方索痛恨大蒜，下達禁令：吃了大蒜的騎士，至少一個月內不准在宮廷露面，而且不准跟別的騎士交談。

完整的大蒜是沒有氣味的，只有在食用、切割、擠壓或破壞其組織時才有氣味。大蒜的辛辣味源自大蒜素，它會刺激身體中熱和痛的受體分子，令人感到灼熱，刺痛。其性格辛烈，潑辣，刺激，熾熱，有點像美國小說《飄》裡的郝思嘉，直來直往，務實，叛逆，性格堅強卻缺乏理性。

大蒜以辛烈之性刺激、融合他物，豐富他物的味道，也溫柔了自己；如麵包上的香蒜，辛辣消失了，變得柔滑，芳香；又如魚、肉因為有了大蒜去腥而鮮美，大蒜成就了魚、肉的同時，也柔和了自己。《飄》裡的白瑞德也很辛辣，幾近無賴，愛上郝思嘉之後，變得深情而溫柔。

大蒜，一般叫蒜頭的是指其鱗莖，有膜質外皮包覆；蒜葉則喚青蒜、蒜苗；其花柄則稱蒜薹；全都可作為蔬菜吃。大蒜品種甚多，按鱗莖外皮的色澤可大別為紫皮蒜、白皮蒜兩種。有一次餐會，郭楓先生贈我一顆大蒜，謂徐州獨頭蒜，剝開來吃，甚為辛辣。獨頭蒜為中國傳統的蒜種，最好的獨頭蒜在雲南洱源縣。

目前常見的分瓣大蒜原產南歐、中亞，乃張騫出使西域帶回，故又稱「胡蒜」，北魏．賈思勰引《博物志》曰：「張騫使西域，得大蒜、胡荽」。《齊民要術》載「八和齏」製作方法，其中重要的一味就是大蒜：「蒜：淨剝，掐去強根，不去則苦。嘗經渡水者，蒜味甜美，剝即用」。

紅蒜一般較柔和，有些甚至帶著甜味，如美國華盛頓州所產的英吉利紅蒜（Inchelium Red）、切特的義大利紅蒜（Chet's Italian Red）、瓜地馬拉依柯達大蒜（Guatemalan Ikeda）。西班牙羅杰（Spanish Roja）被形容為世界上最辛辣開胃的大蒜，口感最受歡迎。

有些個性較強悍的品種，送進嘴裡，好像刀尖磨擦舌頭。然則我還是歡喜生食大蒜，加熱過的大蒜會失去辛辣味，變得溫和，缺乏主見。臺北有些較高檔的牛排館，炭烤牛排上桌時，總是附上整球的烤蒜瓣；蒜頭經烤熟，已無辛辣味，口感像糕點。

大蒜具保健與治療功效，《本草綱目》：「其氣熏烈，能通五臟，達諸竅，去寒濕，避邪惡，消癰腫，化癥積肉食」。《隨息居飲食譜》：「生者辛熱，熟者甘溫，除寒濕，避陽邪，下氣暖中，消穀化肉，破惡血，攻冷積。治暴瀉腹痛，通關格便秘，避穢解毒，消痞殺蟲」。它有明顯的抗菌、殺菌、抗原蟲作用；也能利尿、抗衰老、保肝；還能降血壓、血脂、血糖、膽固醇、甘油三酯，防止動脈粥樣硬化。少量食用大蒜，能促進胃蠕動和胃酸分泌。

據說吃大蒜要先切成薄片，讓它接觸空氣一刻鐘，氧化之後才能產生抗癌的大蒜素。中醫說，大蒜素能有效抑制癌細胞活性，造成癌細胞死亡，還能激活巨噬細胞的吞噬力，有延長生命的作用。常吃大蒜可以防止鉛中毒，抑制亞硝酸在體內合成和吸收，減少胃、食道、大腸、乳腺、卵巢、胰腺、鼻咽等器官的癌變。

元．王楨盛贊大蒜：「味久而不變，可以資生，可以致遠，化臭腐為神奇，調鼎俎，代醯醬，攜之旅程，則炎風瘴雨不能加，食傷臘毒不能害，夏月食之解暑氣，北方食肉麵猶不可無，乃食經之上品，日用多助者」。

我服兵役時演習，部隊急行軍來到鄉下，半夜草草睡在雞寮旁，農舍婦人深表同情，贈予一袋大蒜，說生吃能殺菌消毒，說希望她在金門服兵役的兒子也有人關心。那袋大蒜伴隨著幾天的軍事演習，陪伴我，永遠在記憶中飄香。

似乎沒有任何草本植物能像大蒜，在烹飪、醫藥、信仰習俗上扮演這麼繁複的角色，人類熱愛大蒜已經超過六千年。埃及第一位法老的陵墓建於西元前三七五〇年，墓穴裡發現大蒜模型，顯然是用來抵禦惡魔，保護靈魂順利渡到來生。

古希臘作家阿里斯多芬尼斯（Aristophanes）的喜劇中，常提到大蒜。相傳古埃及在修金字塔的工人的日常飲食中添加大蒜，以增加力氣，預防疾病。

希臘詩人荷馬在詩中描述尤力西斯多虧了黃蒜（yellow garlic）才智取邪惡女巫瑟西（Circe），逃過一劫；那些沒有黃蒜的同伴們都變成了豬。

華人食蒜較晚，大約到了西晉，老百姓才常以大蒜佐飯。《太平御覽》載晉惠帝逃難時：「道中於客舍作食，宮人持斗餘粳米飯以供至尊」、「市粗米飯，瓦盂盛之。天子啖兩盂，燥蒜數枚，鹽豉而已」。

我無法克制對大蒜的愛慕，雖然很多人厭惡它的味道；厭惡是他家的事，莫來跟我講話就是。然則中醫理論認為，長期吃太多生蒜，易動火、傷肝、損眼；我經常從早餐就開始吃大蒜，難怪變成一個頭昏腦脹、記憶力衰退、脾氣暴躁的糟老頭。

# 空心菜

三—十二月

新生南路那家賣羊肉的餐館到了用餐時間總是人滿為患，店家遂在騎樓擺了桌椅。肉香飄上街，空氣激動，彷彿嗅覺的招徠，令饑腸號叫，心神難安，身不由己被引進店裡。其實我只愛他們的沙茶羊肉炒空心菜，沙茶羊肉和空心菜像個性迥異的一對佳偶，互相體諒欣賞，乃結構出難以抗拒的滋味。我常搭配一碗飯、一碗羊肉湯，堪稱美好的一頓。

空心菜「氣烈消煩滯，登俎效微勞」，明快，清脆，葷素相宜，特別適配辣椒、大蒜、豆腐乳、豆豉、沙茶、蝦醬等濃烈辛香調味料。

我跟孫中山先生一樣，也愛吃蝦醬炒空心菜；孫先生當了大總統，宋慶齡仍經常為他準備。章太炎先生亦酷嗜空心菜，嘗謂夏天「不可一日無此君」。

蝦醬炒空心菜在馬來西亞喚「馬來風光」，是空心菜炒參巴峇辣煎（Sambal Belacan），即峇辣煎（Belacan）加上參巴辣醬（Sambal），經常混和了蝦醬、酸柑汁、辣椒、糖。峇辣煎是馬來西亞的一種蝦膏，又名馬拉盞、巴拉煎，是將加工後的小銀蝦鹽漬，曝曬，發酵；反覆四至五次工序，再以機器攪碎，加入胡椒粉，定形。此醬此膏帶著強烈的南洋氣質，赤道性格。

空心菜因莖部中空而得名，又名蕹菜、壅菜、甕菜、應菜、藤菜、無心菜、空筒菜、通菜、通心菜、葛菜等等，故鄉在亞洲，乃亞洲特有蔬菜，中國主要分布在長江以南多水地帶；品種不少，諸如葉片呈竹葉形的泰國空心菜、白梗、青梗、青葉白殼、絲蕹、吉安蕹……開的花像牽牛花，大別為白花種及淡紫色花種。白色花的空心菜，其莖通常為綠色的；開淡紫色花的，其莖則為紫紅色。

最早能見的文獻記載是晉代嵇含所撰的《南方草木狀》：「蕹，葉如落葵而小，性冷味甘。南人編葦為筏，作小孔，浮於水上。種子於水中，則如萍。及長，莖葉皆出於葦筏孔子，隨水上下，南方之奇蔬也。冶葛有大毒，以蕹汁滴其苗，當時萎死。世傳魏武能啖冶葛一尺，云先食此菜。」冶葛即野葛，是一種毒草，又叫胡蔓草。沒事表演吃毒草？曹操還真愛現。現代醫學已證實它含豐富的類胡蘿蔔素及類黃酮抗氧化物，和人體不能合成的八種胺基酸；能降血壓、降血脂、膽固醇，改善血糖，具通便解毒的作用。

蕹菜性格像野菜，可粗分「園蕹」、「水蕹」，水蕹的葉片較肥大，呈三角形；園蕹長在土裡，菜葉細長呈劍形。園蕹折斷莖幹埋入土中，能從節處長出新枝；水蕹生命力尤強，搴莖擲入水裡，即會生根繁衍。

清．吳其濬《植物名實考》敘述一段吃空心菜經驗：「余壯時以盛夏使嶺南，瘴暑如焚，日啜冷齏。抵贛驟茹蕹菜，未細咀而已下咽矣。每食必設，乃與五穀日親。」不過，空心菜好吃，卻膳食纖維豐富，牙齒知道，腸胃也知道，應多咀嚼幾下，實不宜如此猴急吞嚥。

我們吃空心菜皆葉、莖一起食用，它物美價廉，一年四季皆能採收；既使被颱風摧殘，也很快能復耕上市，堪稱臺灣最不虞匱乏的鮮蔬，臺諺：「食無三把蕹菜，就欲上西天」，喻好高騖遠、不實在、缺乏實務經驗，可見吾人要努力吃蕹菜。

廈門曾有一「蕹菜河」，因河中種植蕹菜而得名，清乾隆期間，在閩南任過職的張五典有詠蕹菜詩：「嫩綠浮春池，葦筏作畦畝。細莖間脆葉，泥沙未能垢。雅勝僧房齏，宜點葡萄酒。借問種者誰，恐是抱汲叟。」

蕹菜就像它另一個名字無心菜，沒有太複雜的心思，耐澇耐熱，生命力頑強，就是不耐寒。臺灣各地皆產，生產旺季在夏天，常見浮生於水田、溝渠、溪畔及沼澤濕地，遇水而盛，如稍有水流，生長起來會較肥大；本性隨遇而安，不講究環境，且常成叢生長。種植在水田、池沼的「水蕹菜」，葉、藤管都比旱地的大，口感較嫩。

空心菜的鐵質含量高，烹炒時容易變黑，必須急火快炒，或加入醋、檸檬汁以延緩氧化。水耕空心菜比土耕的不易變黑。選購時自然以鮮嫩翠綠為佳，水蕹較不耐貯藏，宜挑無氣根的嫩枝，若莖旁長出嫩芽，表示老了；園蕹若帶根冷藏，則能維持五、六天不虞黃化凋萎。

臺灣蕹菜長得很標緻，我尤其鍾愛溫泉蕹菜。礁溪溫泉屬弱鹼性的碳酸氫鈉泉，適宜部分農作物生長，如蕹菜、絲瓜、茭白筍。泡溫泉的蕹菜，莖肥葉大又纖維幼細，出落得柔嫩水靈，細緻，滑利。

此菜家人般，家常得不怎麼注意它；可它隨時在身邊，清新，平淡，窩心，給予生活蓊鬱感，那是生命的葉綠素。

我過了中年才漸漸能欣賞空心菜之美，每次見它總是蒼翠欲滴，最宜爆炒；煮湯也不賴，蕹菜湯，蕹菜青青的一碗清淡湯，特別能襯托生活的簡單之美。我常追憶少年時和外婆種菜、收割空心菜，鐮刀一揮，它又繼續生長，自夏徂秋，逐次收成，直到季節過了。季節過了，夢中猶有炒菜香，一種承諾的氣味。

# 綠豆

春作二—三月、夏作六—八月．

外帶便當那女子，將塑膠袋套進鋼杯，長勺撈了又撈，她大概沒感覺後面有人排隊或根本無所謂，緩慢沿鍋底撈起來，傾斜，令綠豆湯流掉，如此這般反覆地撈了又撈，大概鍋子裡的綠豆薏仁所剩無幾，每一勺僅能撈出少許豆粒。

這家素食自助餐為了增加菜餚重量，幾乎每一道菜都勾縴，我雖然不喜歡，午飯時間還是偶爾走進來，可能意識到這一餐不要吃肉，也可能是為了店家提供的綠豆薏仁湯。

綠豆湯是家庭常備的消暑飲料，綠豆與薏仁尤其有著千年的恩愛。兩者結合煮湯，是華人的夏季養生甜品，除了美味，還能消暑除煩，作法是綠豆與薏仁洗淨，分別浸泡兩小時以上，煮的時候也是分開煮，各自冰鎮，吃的時候再混合在一起。人體高溫出汗，會流失大量的礦物質和維生素，導致內環境紊亂，綠豆含有豐富無機鹽、維生素，在酷熱天氣喝綠豆湯，可及時清熱解暑。

普遍認為綠豆原產於印度、緬甸一帶，別名：青小豆、菉豆、植豆，野生綠豆則喚胡綠豆。中土早就普遍種植，李時珍：「綠豆處處種之。三四月下種，苗高尺許，葉小而有毛，至秋開小花，莢如赤豆莢。粒粗而色鮮者為官綠；皮薄而粉多、粒小而色深者為油綠；皮厚而粉少早種者，呼為摘綠，可頻摘也；遲重呼為拔綠，一拔而已。北人用之甚廣，可作豆粥、豆飯、豆酒，炒食、麨食，磨而為麵，澄濾取粉，可以作餌頓糕，蕩皮搓索，為食中要物。以水浸濕生白芽，又為菜中佳品。牛馬之食亦多賴之。真濟世之良穀也。」

可見綠豆是北方日常食物，具藥膳功能，所謂「一家煮豆，香味四達，患病者聞其氣輒愈」。古籍如《開寶本草》、《本經逢原》、《隨息居飲食譜》、《本草拾遺》、《本草經疏》多有記載，綠豆具消暑、利尿、祛痘、通經脈、潤喉止渴、消腫通氣的功效，《本草綱目》載：「煮食，消腫下氣，壓熱解毒。生研絞汁服，治丹毒煩熱風疹，藥石發動，熱氣奔豚。治寒熱熱中，止泄痢卒澼，利小便脹滿。厚腸胃。作枕，明目，治頭風頭痛」。李時珍在書中斷言綠豆芽能解酒毒熱毒，「諸豆生芽皆腥韌不堪，惟此豆之芽白美獨異。今人視為尋常，而古人未知者也。但受濕熱鬱浥之氣，故頗發瘡動氣，與綠豆之性稍有不同。」

綠豆芽的維生素估量比綠豆更高。明代詩人陳嶷〈豆芽賦〉贊頌綠豆芽：

有彼物兮，冰肌玉質，子不入於污泥，根不資於扶植，金芽寸長，珠蕤雙粒，匪綠匪青，不丹不赤，宛訝白龍之須，彷佛春蠶之蟄，雖狂風疾雨不減其芳，重露嚴霜不凋其實，物美而價廉，眾知而易識，不勞乎椒桂之調，不資乎芻豢之汁，數致而不窮，數食而不斁，雖以赫乎柱史之嚴，每當置之於齒牙，鶩矣憲台之邃，亦嘗款之而深入，當乎退食之委蛇，則伴其倉米之餛飩，至於滌清腸，漱清臆，助清吟，益清職，視彼主人所陳者，奚啻倍蓰而萬億也歟？

此賦先鋪陳了天下各種珍奇美味，再敘述豆芽菜的生長、形態，並描寫其品格功用，意象靈動，寓意深刻。

綠豆有綠色、金黃色和黑色，綠色又分為油綠豆、粉綠豆兩種。油綠豆外殼油亮平滑，質感較硬，適合加工作餡料、粉絲、粉皮，孵豆芽；粉綠豆又稱毛綠豆，易熟爛，多用來煮綠豆湯。

當豆莢由綠轉黑才能採收，豆莢成熟的時間也不一致，須分批分期及時採收，無法機械化。採收後還要進行兩次日曬，第一次曝曬令豆莢裂殼，風選，再日曬，冷藏保存。綠豆屬兼作小宗雜糧，種植需大量勞力，臺灣的栽培面積大幅度縮減，坊間所售多為進口。

除了熬湯，也常煮粥。我們神往的綠豆粥熬得稀稠適度，泛著米光，飄著豆香；也許有鹹鴨蛋、醬菜陪伴著，串連著華人的飲食生活。

大龍峒人黃水沛（1884～1959）作〈綠豆粥〉：「一飽何曾要萬錢，故人杯水抵瓊筵。自甘藜藿時恒啜，間食膏粱味益鮮。金谷咄嗟為客辦，曹家烹煮併其然。莫教黑白同成腐，爛熟方將口腹填」。藜藿指普通人吃的野菜，詩中還用了石崇的典故，豆粥需慢慢熬，晉代石崇在金谷園宴客，卻能片刻間端出煮好的豆粥。《晉．石崇傳》載：「為客作粥，咄嗟便辦。每冬得韭蓱虀，王愷不能及，每以此為恨。乃密貨崇帳下，問其所以。答云：『豆至難煮，預作熟末，客來，但作白粥以投之；韭蓱虀，是擣韭根，雜以麥苗耳。』於是悉從之，遂爭長焉。崇後知之，因殺所告者。」

古人好像特別愛豆粥，綠豆赤豆，均可入粥，咸信有保健作用，諸如唐代陸游、儲光羲、李商隱，宋代范成大、惠洪，元代楊允乎，明代周砥，清代阮葵生……皆有詩贊頌。阮葵生〈吃粥詩〉前四句云：「香於酯乳膩於茶，一味和融潤齒牙。惜米不妨添綠豆，佐餐少許抹鹽瓜」。

蘇軾〈豆粥〉借歷史典故說了兩個故事：光武帝劉秀起兵之初，被強敵逼得四處逃竄，倉皇來到滹沱河下游的饒陽蕪蔞亭，飢寒交迫，幸虧手下大將馮異送來豆粥，化解了劫數。後來，遇大風雨，馮異抱薪，升火給劉秀取暖，劉秀對竈燎衣：

君不見滹沱流澌車折軸，公孫倉皇奉豆粥。
濕薪破竈自燎衣，飢寒頓解劉文叔。
又不見金谷敲冰草木春，帳下烹煎皆美人。
萍虀豆粥不傳法，咄嗟而辦石季倫。
干戈未解身如寄，聲色相纏心已醉。
身心顛倒不自知，更識人間有真味。

豈如江頭千頃雪色蘆，茅簷出沒晨煙孤。
地碓舂秔光似玉，沙瓶煮豆軟如絲。
我老此身無著處，賣書來問東家住。
臥聽雞鳴粥熟時，蓬頭曳履君家去。

江邊雪白的蘆葦，早晨升起炊煙的茅廬，懶洋洋躺在床上聽雞鳴，估計豆粥煮熟了，散著頭髮趿拖著鞋就去吃一頓。詩僧惠洪〈豆粥〉詩也用了那兩個典故，並描述具體煮法：「出碓新秔明玉粒，落叢小豆楓葉赤。井花洗秔勿去萁，沙餅煮豆須彌日。五更鍋面漚起滅，秋沼隆隆疏雨集。急除烈焰看徐攪，豆才亦趨回渦入。」前半段敘述豆粥的原料，烹製時間和火候，可見豆粥雖則清貧，熬煮卻耗時費神。

就像芝麻綠豆，乍看總不起眼，豆子常象徵窮人，喜劇之父阿里斯多芬（Aristophanes）在劇作《普魯特斯》（*Plutus*）中敘述一個人發財了，就「再也不像個扁豆了」。豆子也象徵萌芽，成長和生命，古人賦予豆子超自然力量，古巴比倫的迦勒底人（Chaldean）相信人死後會變成蠶豆；埃及法老用小扁豆陪葬，藉小扁豆帶靈魂上天堂……

相傳綠豆作枕頭可令眼睛清亮，我睡了好幾年，似乎無效，眼睛依然濁，依然識人不明。

綠豆之為用大矣，如綠豆海帶湯，綠豆涼粉；此外，綠豆作成粉，甜品如綠豆糕、綠豆椪，皆是高尚茶食，也是很有面子的伴手禮。華人世界常見綠豆湯、綠豆粥；綠豆冰沙臺灣才有，乃綠豆泥、冰沙、蜂蜜的組合。

我在「三少四壯」專欄初談綠豆時曾說，綠豆蒜口感滑爽綿密，甜而不膩，最初以熱食出現，烈陽下的南臺灣永遠需要一些消暑退火的東西，很快就轉變成冰品：「源於恆春半島的綠豆蒜是脫殼後的綠豆仁，可能是狀似拍碎的蒜頭，故名」。不久人間副刊轉來張悅雄先生長信，指正綠豆蒜名稱的由來：

老朽是道地的恆春人氏，就記憶所及，綠豆蒜取名的由來，完全和它是不是「狀似拍碎的蒜頭」無關。兒時的恆春，偏遠，偏僻幾無多識者。每當夜色昏黃，落山風起時節，但見一位年約四、五十的「一條漢子」，擔著一副像剃頭擔子的物事，一邊擺几傳碗筷（鐵製湯匙），一邊小火爐上煨著一鍋清澈淡白勾芡去皮綠豆，在燈影下，在沙塵滿街的小道上，一聲聲吆喝：「綠豆蒜哦，綠豆蒜哦」。常常記起，這時候，祖母就會推開家裡那道透風透光的柴扉，嚷著：「蒜啊！來兩碗綠豆蒜」。原來，擔著綠豆蒜沿街叫賣的「漢子」，他的混名就叫「蒜啊」，（真實姓名已無從查考）。這是民國四、五十年時的陳年往事了。

恆春半島闢為國家公園之後，綠豆蒜也跟著紅火了起來，只是「蒜啊」的沿街叫賣「綠豆蒜哦，綠豆蒜哦」的聲音，已消失在街燈昏黃的蒼茫裡，蒜啊這條「漢子」也湮沒在時間的長流裡了。現在的所謂綠豆蒜不但已換成黑（紅）糖的焦黃色色彩，裡頭還多了龍眼乾、粉粿等等物事，已喪失了他原有的清純和原汁原味。

張先生是恆春南門人，字裡行間感覺他非常謙遜，以上記述的童年經驗相當可信，也十分寶貴。

我難忘那個酷熱的三伏天，秀麗參加了她最後的家庭旅遊，我駕車來到宜蘭，加入「北門綠豆沙牛乳大王」排隊人龍，端了一杯綠豆沙牛乳給病妻，囑她慢慢喝。調理檯上擺滿了各種水果，翠綠的檸檬、四季桔，褐綠相間的駱梨，鮮黃的柳丁、葡萄柚，果汁機忙碌運轉，似乎有些水氣被烈日蒸騰，亮晃晃地睜不開眼睛，我們共同的時光，和生命中一些疼惜的也被蒸發，了無痕跡。

# 綠竹筍

四—十月。五—七月盛產

竹筍有一種特殊的清香，又裨益健康，能治高血壓、高血脂、高血糖，而且對消化道癌及乳腺癌有一定的預防作用，自古被視為山珍。臺灣頗有一些好筍——花蓮光復的箭竹筍，頭城、南澳、烏來和桃竹苗一帶的桂竹筍，觀音山、三峽、平溪的綠竹筍，嘉義大埔的麻竹筍，阿里山的轎篙竹筍……其中我尤偏愛綠竹筍。

綠竹筍在氣溫高時成長較快，其產季彷彿一場由南而北的接力賽：屏東（長治），臺南（歸仁、關廟、佳里），竹苗（竹東、寶山、三灣、獅潭），觀音山（八里、五股），陽明山（士林、北投），中央山脈（從三峽、大溪、復興延伸到新店、木柵），一路傳遞，臺灣人從一月到十月都有筍吃。

北部的綠竹筍尤其美味。觀音山山腹遍布竹林，每年五月至十月盛產綠竹筍，口感如水梨。優等的綠竹筍狀似牛角，筍身肥胖，彎曲，筍底白嫩無纖維化、顏色均勻無褐化，筍殼光滑，略帶金黃色澤；較劣的綠竹筍形如圓錐，外殼略呈褐色，尾端出青。

處理竹筍，最重要的是迅速保鮮，以阻止其纖維之老化，挽留細緻清甜的質地。「臺灣廚神」施建發教我煮竹筍的秘訣——在能滿溢筍的水裡先擱入米，煮沸後才放進竹筍，不蓋鍋蓋，以免味道變苦，煮一小時，讓鍋裡的筍持續浸在水裡自然冷卻，再置入冰箱冷藏兩小時。這些動作不僅使竹筍的色澤如鮑魚，竹筍的纖維也因而充分吸收了粥水而口感更好。岳父七十大壽時，家族聚餐就擇定阿發師經營的「青青餐廳」，吃過青青餐廳竹筍沙拉、竹筍雞的人，無不贊美。

綠竹筍料理變化無窮，可煮可蒸可烤可焗可燜可燉可炒可拌可煸可燴可燒，可當主角，也可扮配角；能獨當一面，也能和肉、魚、蛋、豆、蔬為伍。其呈現形狀有絲、片、塊、條、丁，無一不可，入菜的姿態可謂風情萬種。

除了清烹，竹筍也適合葷治。例如東坡肉。東坡肉的秘訣並非表象的「少著水，柴頭罨煙焰不起」，慢工細火只是基本動作，我試驗過，正宗而好吃的東坡肉不能缺少酒和竹筍，酒能有效提昇肉質，竹筍則吸收豬肉的油膩，又釋放自身特殊的清香。

現在很多餐廳學得皮毛，便也大膽地賣起東坡肉。其實略懂皮毛不要緊，只要讓肉、筍、酒三者合奏，並不致於差太遠，壞就壞在蠢廚自作聰明——有的只會在切割方正的豬肉上綁草繩，用政客的表面功夫來侮辱食物；有的擱了過量的冰糖或醬油，作風魯莽；有的竟用太白粉勾縴，看起來就像失敗的腐乳肉……

李漁對食物的評價是蔬勝過肉，肉又勝過膾；竹筍，則是蔬食第一品，「肥羊嫩豕，何足比肩」。他有一段竹筍葷治的辯證很有見解：

> 牛羊雞鴨等物，皆非所宜；獨宜于豕，又獨宜於肥。肥非欲其膩也，肉之肥者能甘，甘味入筍，則不見其甘，而但覺其鮮之至也。

李漁這段話可以佐證東坡肉的燒法，應該列為廚師的座右銘。先人吃筍的歷史可追溯到西周，《詩經．韓奕》敘述韓侯路過屠吧，顯父以清酒百壺為他餞行，「其殽維何？炰鱉鮮魚。其蔌維何？維筍及蒲」，席上佳餚有鱉、魚鮮、香蒲和竹筍，可見竹筍之受重視。

筍的料理方法很多，須注意此物鮮美至極，萬不可令陳味掩蓋壓制，笠翁先生治筍主張：「素宜白水，葷用肥豬」，素吃時「白烹俟熟，略加醬油。從來至美之物，皆利於孤行」。我在外面吃筍最怕見沙拉醬美乃滋覆蓋筍上，筍身沾沙拉醬，宛如美人慘遭毀容，令人扼腕，悲傷。綠竹筍清啖即佳，口味濁重者稍蘸醬油芥末足矣，奈何江湖上這麼多不辨滋味的獃廚，以為胡亂買了沙拉醬就可以上菜，摻入味精就會煮湯。八里「海堤竹筍餐廳」的涼拌竹筍，用芝麻醬取代沙拉醬，清新可喜。

木柵山區是臺北市最大的綠竹筍產區，產季從端午到中秋，有四個月的時間。近年每當產季開始，木柵農會舉辦綠竹筍生產技術大賽，並備辦一場綠竹筍大餐，菜色均以綠竹筍為主調變化，包括涼筍龍皇櫻桃派、鮑魚全罐拼醬筍、香筍紅棗醋溜魚、竹香蓮子荷葉飯、鮮筍佛跳魚翅盅、烏骨全雞嫩筍鍋、腐腦筍絲繪三鮮、一品綠竹小籠包、紅燒筍塊品元蹄等九道。

我最常吃綠竹筍的所在是老泉里「野山土雞園」，通常是一盤涼筍，一鍋鮮筍菜脯湯。

那些筍都是老闆阿俊所植，天未亮他就荷鋤採收，他總是循露水辨位，精確尋找未出土的竹筍。

二〇〇五年我開辦《飲食》雜誌之初，曾經向木柵農會訂了三桌，在「舜德農莊」宴請雜誌的作者。那時候逯耀東教授還在世，我駕車去興隆路接了他和逯師母，一路上央求他擔任社長。他勉強答應任期三個月，之後改掛編輯委員，理由是社長不能投稿。

我學習飲食之道，雖然不見得是逯老師啟蒙；然則我們這一代雅好美食的友人，卻都尊他為師。聚餐時，大家好像忽然間失去了味覺，往往先盯著他看，看他筷夾入口後的表情，再決定如何對待那食物。有次在時報文學獎的決審會議上，堆置的稿件旁擺滿了各種北京小點，大家只顧吃驢打滾、豌豆黃、艾窩窩、芸豆卷、仙楂糕，並未理會冷落一旁的肉末燒餅，逯老師拿起來咬了一口，用眼神示意我趕緊吃，所有人也都注意到他透露美味的眼神了，半分鐘之內，那盤肉末燒餅被搶食得乾乾淨淨。

二〇〇六年，逯老師唐突辭世之後，我邀了一些他生前的吃友，在「永寶餐廳」用吃吃喝喝的方式懷念他，並請黃紅溶演奏巴哈《無伴奏大提琴組曲》慢板樂章和快板樂章。

選擇「永寶」，是因為這是一家很深情的餐廳，也因為逯老師鍾愛這裡的古早菜。綽號「老鼠師」的陳永寶從一九六七年起專營外燴，打響口碑。一九七九年，遂在木柵保儀路立號開設這家餐廳。老鼠師在當年的千島湖事件中遇害，兒女們為了懷念爸爸，接手經營餐廳。第二代掌門人陳欽賜先生完全繼承父親的廚藝，保留古早的辦桌滋味，更不斷研發創新。

又是綠竹筍盛產的季節，如今永寶餐廳已經歇業，如今也只能追憶和逯老師一起在舜德農莊吃綠竹筍、白斬雞、豆腐，喝文山包種茶的夜晚。

# 香椿

四—十一月

香椿，英文名Chinese mahogany，別名很多：椿葉、山椿、香椿芽、香椿頭、白椿、紅椿、豬椿、椿木葉、春尖葉、大眼桐、虎目樹。

春天為香椿盛產期，從前都在初春採摘，摘兩三次以後就老了，不好食用。現在已經像蔬菜般培育，矮化密植栽培，我們一年四季都吃得到。胡弦在《菜書》中描述他父親愛吃香椿：「早春二月，當香椿樹僅僅萌發了幾個小紅點的時候，父親會用雞蛋殼罩在香椿樹的枝頭上，等椿芽蜷了滿滿一雞蛋殼時，摘下。這樣的椿芽更加脆嫩，風味殊絕」。

香椿的味道含蓄，散發一種內歛的氣質，清清淡淡，仔細咀嚼才能領略其滋味，悠長，雋永，像誠懇而不擅言詞的人，深入交往後，才了解那木訥純真的性格。金．元好問〈天壇雜詩〉：

> 谿童相對採椿芽，指似陽坡說種瓜。
> 想得近山營馬少，青林深處有人家。

椿芽是香椿的嫩芽，相當甘美。香椿鮮少病蟲害，毋需過度清洗；其嫩葉剛萌出時呈赤紅色，最香最嫩最好吃，待葉子老了就難以下嚥。吃法多樣，拌、炒、蒸、熗皆可，我較常用來煎蛋，或涼拌豆腐；無論煎、拌，最好都先焯過沸水。兩種食法都很簡單，涼拌豆腐加鹽、香油調味；煎蛋亦加鹽，拌勻蛋液即可下鍋。簡單而清爽，表現為雲淡風輕的美感。

臺灣較普遍食用的原住民是阿美族、魯凱族和布農族。香椿乾燥後製成粉末，是很好的調味料。坊間較常以醬汁的形式出現，乃烹調良品，拌麵、拌飯、炒麵、炒飯都好吃，也可以當蘸醬。香椿醬的作法很簡單：先洗淨香椿葉，瀝乾，切成小片，再連同香油、鹽放入果汁機打成泥狀即成。

製好香椿醬放在冰箱，隨時取用，美味又方便。佛光山蕭碧霞師姑用香椿醬炒飯，再加入些微香菇精和糖，風味絕佳。臺北「點水樓」的陳文倉師傅用新鮮香椿加一點肉絲、蛋，炒南僑集團研發的「膳纖熟飯」，糗勁十足。

華人擅用香椿，川菜中的「椿芽炒雞絲」、陝菜的「香椿魚」皆是具地方特色的傳統佳餚。「香椿魚」是一道名不符實的菜，它只有香椿，沒有魚，作法是用鹽水稍微醃一下嫩香椿，以去除多餘的水份；然後裹上用麵粉、雞蛋、油、鹽和其它調味料拌成的漿糊，油炸而成。吃的時候可撒一點花椒鹽或胡椒鹽。

秦風古韻在他的書中說：香椿要吃新鮮和嫩的，也不要吃醃製的；不新鮮和醃製的香椿，會增加大量的亞硝酸鹽，長久食用有致癌之虞。我不曾請教過專業醫師的觀點，不過只有鮮嫩的香椿才好吃，否則了無滋味。

香椿樹幹直立，高可達五十米，宋．劉敞〈靈椿〉：「野人獨愛靈椿館，館西靈椿聳危幹。風揉雨煉三月餘，奕奕中庭蔭華傘」。我不曾見過高大的香椿樹，原來臺北建國花市買的盆景都是幼苗，其實可以長成參天大樹。

樹葉能這麼好吃，算是老天爺疼惜我們。《莊子．逍遙遊》：「上古有大椿者，以八千歲為春，八千歲為秋」，也因為它可以活得很久，後人常用來比喻長壽，有「椿年」、「椿齡」、「椿壽」之說。椿也象徵父親，曰「椿庭」，常和象徵母親的「萱」相提並喻，像「椿庭萱室」比喻父母，「椿萱並茂」就比喻父母健在。古詩文中常提及，諸如唐．牟融〈送徐浩〉詩中云：「知君此去情偏切，堂上椿萱雪滿頭」；高明《琵琶記》也敘述：「書，我只為你其中自有黃金屋，卻教我撇卻椿庭萱草堂。還思想，休休，畢竟是文章誤我，我誤爹娘」；「女蘿松柏望相依，況景入桑榆。他椿庭萱室齊傾棄，怎不想家山桃李？」

香椿抗氧化功能強，抗癌效果佳，又能清熱化濕，潤膚明目，健胃理氣，解毒殺蟲，治療糖尿病。中醫說它性味甘，苦，平。漢代醫書《生生編》已記載：「香椿瀹食，消風祛毒」。除了內用，還可以外用，《本草綱目》載：「白禿不生髮，取椿、桃、楸葉心搗汁，頻塗之」。不過，慢性病患者不要多吃。《食療本草》說：「椿芽多食動風，熏十二經脈、五臟六腑，令人神昏，血氣微。若和豬肉、熱麵頻食則中滿，蓋壅經絡也」。可見此物以素食為佳。太太生病後，我在陽台種了兩株香椿盆栽，以便作菜時取用。美味之外，還帶著祝福的意思。

# 野蓮

全年，夏初最盛

方杞說走，帶你去美濃「合口味」晚餐。他是星雲大師的俗家弟子，自幼失聰，平常都靠讀唇或大嫂幫忙溝通，現在專心駕車，偶爾轉頭講幾句調皮話，渾然不理會任何回應。我想像他的世界是靜謐的，不會有噪音干擾。方杞茹素，為了款待我這個大飯桶，還是熱情地點了滿桌菜餚，包括客家小炒、薑絲大腸、梅干扣肉，他自己只吃清炒野蓮。

野蓮是美濃特有的野菜，臺北貨源不穩，想吃得憑一點運氣，每次見餐廳有貨，總令眼睛一亮。合口味的炒野蓮，每天現採，用蔭黃豆、薑絲拌炒，爽脆，彈牙，帶著奇異的清香。

南部人叫它「野蓮」，北部人稱「水蓮」，需生長於潔淨之活水塘，裡面需有魚有螺有蝦活動才好，採回家用嫩薑絲一起炒，再加一點客家蔭黃豆調味，清新可口。

薑絲用來襯托野蓮的清香；蔭黃豆的功能是調味，取代了鹽，此乃客家族群的特色醃醬，新屋鄉著名的白斬鵝肉就是靠它，才得以名揚四海。除了作為蘸醬，其酸甘風味，也適合蒸魚、炒菜。若缺乏蔭黃豆，用破布子取代亦可。

起初，這種水生植物生長在美濃中正湖，先民採集來補充日常蔬食，帶著維生意義。野蓮歡喜熱鬧，有潔癖；後來養豬廢水持續排入中正湖，湖水急遽優養化。大約在一九七五年間，美濃人才將它當作物栽培，移植到附近的水塘種植，從瀕臨滅絕中搶救成日常蔬菜；此後，生產與消費持續增加，美濃的粄條店多供應有炒野蓮。

栽植野蓮像插秧，先種入軟泥裡；水深影響莖長，放水時不能一次淹沒葉片，隨著它的抽長，逐漸注潔淨的井水入塘。一般人工野蓮池深度約一百五十公分，採收時先放水降低水位，手伸直搆到根部處，整株拔起，再摘除葉子，清理附於蓮莖的水藻、福壽螺，挑選，帶回家仔細清洗，一束束紮起來。

野蓮的學名叫龍骨瓣莕菜，又稱水蓮、銀蓮花、水皮蓮、捲瓣莕菜、一葉蓮等等，成長快，價格低廉，採收者需著防水青蛙裝，有時必須長久跪著採集，倍極辛勞。如今除了高雄美濃還有零星的野生族群，野蓮菜已經廣泛分佈於臺灣的池塘溼地中。

野蓮花只開一天。其莖採收後須盡早食用，否則快速老化。為挽留青翠的外貌，和爽脆的口感，宜用猛火快炒。它帶著努力愛春華的啟示，光陰令一切發生變化，曾經清潔的環境會變得骯髒，花開花謝，曾經強盛的國家會傾向衰頹，財富不免消耗殆盡，健康的身體忽然就老病了。

它也呈現了臺灣社會的今昔之比。它還是野菜的時候，只居住在美濃，總是活得很老，像當時中正湖的野蓮就有兩三根竹竿那麼長，而且像筷子般粗，烹調之前須先像搓衣服一樣，搓軟了再炒。

晚近人們才發現了野蓮的清香之美。其色澤生機蓬勃，在水底搖曳生姿，蓮葉浮在水面上靜止不動，嫻靜的形容，令人心儀，令折磨於生活的精神，有一個翠綠鮮豔的夢。它的內涵很澹泊，一種充分內斂的情感，如此隱約，含蓄，節制，適合在安靜的時刻細品。

也因此最宜清炒，有人面對野蓮時喜歡加肉絲炒製，不免有蛇足之嫌。像不施脂粉的村姑般多好，清純美麗，接近時散發自身的暗香，而不是化妝品氣味。美濃人使用黃豆醬快炒野蓮，賦予它客家文化的符碼，並形塑出新傳統，召喚認同的特色青菜。我似乎聽見了那召喚。

前幾天專程去高雄，在左營高鐵站租了一部車，直接就開上高速公路赴美濃，來到合口味正好是午餐時分，吃了豬腳封、炒粄條、薑絲大腸，自然不能忽略思念的野蓮。

咀嚼間明明知道它纖維質豐富，卻展現柔嫩感，纖弱感。吃飽飯，特地去中正湖，野蓮的故鄉，已經沒有了野蓮的蹤影；倒是旁邊開闢了許多野蓮田。野蓮總是讓我想到方杞，一個才華橫溢又坦蕩的摯友，一條澹泊名利的好漢，江湖少見。

這世界，味覺的喧嘩令人沮喪。當舌頭疲倦於油膩和溷濁，野蓮訴說著安靜，澹泊，如清風吹拂著美麗的塵緣。

# 絲瓜

全年，五月—八月盛產

前幾天新聞報導：一個中年男子吃炒絲瓜，覺得很苦，卻捨不得丟棄，勉強吃了一盤，導致中毒，嚴重嘔吐、腹瀉、脫水。醫師表示，苦絲瓜含有葫蘆素，會引發腸胃強烈的不適及低血壓。

絲瓜的藥用價值很高，似乎也不免，帶著些風險。青春易老，選購絲瓜宜選擇飽滿，結實，條紋清楚，茸毛密布，色澤濃綠者；若瓜皮顯得枯黃乾皺，或出現斑點和凹陷，則不能食用矣。

這種葫蘆科植物原產於熱帶亞洲的印尼或印度，廣泛種植於東亞，可能是宋代傳入中土，宋·趙梅隱〈詠絲瓜〉：「黃花褪束綠身長，白結絲包困曉霜；虛瘦得來成一捻，剛偎人面染脂香。」它的別名包括：菜瓜、綿瓜、水瓜、布瓜、蜜瓜、蠻瓜、天絲瓜、天絡瓜、天羅瓜、天吊瓜、純陽瓜、天羅布瓜、天羅、天蘿、倒陽菜；粵語稱有稜的為絲瓜或勝瓜，無稜的為水瓜。

中醫普遍認同其功能：通經活絡，清熱化痰，止咳平喘，涼血解毒，祛暑除煩。絲瓜不可生食，《本草綱目》說「煮食除熱利腸」，又說「祛風化痰，涼血解毒，殺蟲，通經絡，行血脈，下乳汁」。說它性味甘，涼，《本草逢原》：「嫩者滑寒，多食瀉人」。《滇南本草》的說法，恐引發男性的集體焦慮：「不宜多食，損命門相火，令人倒陽不舉」。

絲瓜所含的維生素能抗壞血病，預防各種維生素C缺乏症，也有助於小孩的腦部發育，令中老年人維護大腦健康。絲瓜葉可以降低血清、心肌的過氧化脂質，能抗衰老。它的藤莖汁液可保持皮膚彈性，美容去皺。絲瓜汁有「美人水」之稱。

被譽為「中國哲學第一人」的金岳霖先生既有煙癮又有酒癮，卻活到九十歲，他特別愛吃胡蘿蔔絲和絲瓜湯。絲瓜品種多，大別為兩類：圓筒絲瓜、稜角絲瓜，兩者的葉、花、果實、種籽都不同。圓筒絲瓜的果實為圓筒形，無稜角，表面平滑有淺溝，果肉厚，肉質綿軟，纖維較粗；稜角絲瓜的果實有十條稜角，果肉較薄，纖維細密且較少，肉質細脆密緻。

它的藤蔓善於攀爬，絲瓜架上總是心事般，枝蔓縱橫。宋·杜北山詩詠絲瓜：「寂寥籬戶入泉聲，不見山容亦自清。數日雨晴秋草長，絲瓜沿上瓦牆生。」宋人方鳳的詩〈寄柳道傳黃晉卿兩生〉前四句也說：「盈盈黃菊叢，栽培費時日。依依五絲瓜，引蔓牆籬出」。成熟後逐漸乾燥，果實末端打開如蓋子，種籽隨離心力散出，驅趕子嗣出去自立門戶的方式很有畫面感。

美麗的容顏多老得特別快，絲瓜切開後很容易因氧化而變黑，須把握時光，切莫蹉跎；削皮後過一下鹽水，能稍微延緩氧化。它似乎啟示我們，積極把握美好的時光。

鮮嫩，是人們對絲瓜口感的基本要求；其美學特徵在清甜感，一切烹調手段須避免醬料奪味，不加水，用心維護那清甜；我無法忍受獃廚下濃油或勾縴烹煮。

我愛吃絲瓜炒蛤蜊，兩者一起煮湯、煮麵、煮粥也都很美，蛤蜊的鮮結合了絲瓜的甘，各有自己的味道，又能尊重對方的歷史，彼此支援，互相發明，如清風走進紅樹林，訴說陸地和海洋依偎的故事。

然則美麗的事物也會引發感慨，林沈默有一首閩南語詩〈災區菜瓜〉以深閨內的千金女喻一條美麗絲瓜：

風無搧過、雨無潑過，
土石流也無共嚇驚過。
這條菜瓜面肉標致，
溫純純、幼咪咪，
若像春閨後院的千金女。
——伊恰受苦受難、
折枝爛葉的風颱菜無仝，
一點點仔攏無受損害，
宛然是二个世界

絲瓜在這首詩裡當然另有所指，林沈默自述：「莫拉克風災引來禍水，農業縣水鄉澤國，淪為悲慘世界，菜土變菜金。我在南臺灣某市集，看到家園殘破，驚魂未定、滿身泥濘未乾的一群災民，正在圍觀一條美麗絲瓜。這條嬌貴的瓜，擺在災區菜攤上，是那麼的荒誕與可怕。」

絲瓜枯老了，筋絡纏紐如織，曬乾後是洗滌利器，又稱洗鍋羅瓜，即絲瓜絡；陸游都用它來滌硯，洗得潔淨而不損硯。鍾鐵民〈菜瓜布〉也敘述：「從前農村的婦女，總是有意的要留一些老菜瓜。因為廚房裡洗刷碗盤、鍋子、灶台，最少不了的就是菜瓜布。菜瓜老乾以後，剝開外皮，裡面全是軟硬適度的纖維組織，敲出種子剩下的就是真正的菜瓜布」。除了洗滌器皿，也能刷淨皮膚，我小時候就天天用這種菜瓜布洗澡，好像把毛細孔刷得異常活絡，越刷越勇越堪折磨，歷經數十年的人生風浪也宛如刷洗身體般平常。

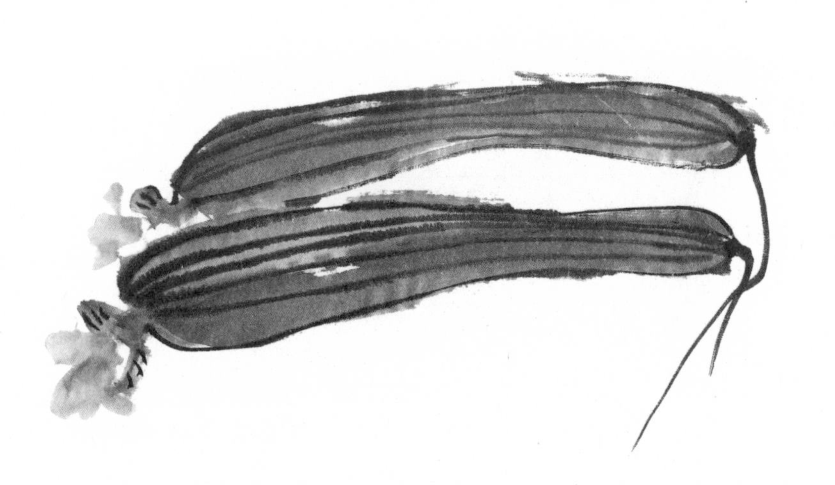

# 九層塔

全年，五—十月盛產

相傳古希臘、羅馬時代，九層塔就有「香草之王」美譽。大概是因其外形層層疊疊，閩南人才如此稱呼；客家人叫它「七層塔」。英文名basil，西餐中叫「羅勒」，又名「零陵香」、「薰草」。

九層塔性喜溫暖，日曬充足之處所產較為芳香。其品種不少，高緯度地區所生長的，味道和香氣遜於熱帶地區；寒帶地區所生長的甚至帶著苦澀。

臺灣全年都產，以夏秋之間最盛，秋末開花後，葉、梗都轉為粗老，香氣卻更濃。這種香草有青梗、紫梗，紫梗香氣較強；葉片細小者比烏黑肥大者更香。

這是飽含臺灣味道的香草，氣味濃郁，略帶辛辣，能增添菜餚的風味。燒酒雞上桌前放一點進去，有意想不到的美味；由於香氣獨特，也廣泛運用於海鮮料理。我想像它搭配生魚片也是美好的。

主要任務是調味，用以去腥添香，其舞臺多在湯品、沙拉和醬汁，臺菜常見其身影，如肉羹、魷魚羹、生炒花枝、炒海瓜子、炒蛤蜊，以及三杯類菜餚如三杯杏鮑菇、三杯雞、三杯透抽、三杯田雞，或者直接用來乾炸，如伴隨鹽酥雞出現。或炒番茄，綠葉襯托紅茄，味覺和視覺都十分豔麗；或烤茄子，將茄子烤熟軟化，夾九層塔食用。新園鄉新惠宮旁有人用來煎餅，成為地方特色美食。

客家人又比閩南人更愛用它來添香，舉凡煎蛋、佐羹湯、鹹湯圓、燜魚、炒溪蝦、滷豬腳，都常見其身影。客家庄的餐館常用它墊在黃豆豉醬中，滋味曼妙。

此外，更是披薩和義大利麵不可或缺的佐料，九層塔綜合松子、乳酪、大蒜和橄欖油打碎攪拌，即是羅勒醬，也即青醬（pesto plla genoves），道地的北義風味。越南菜也常用來生食以搭配烤肉，或放在蘸醬內以增添香味。我工作室附近有一家披薩專賣店，柴火窯烤，黃昏時買一塊「羅勒鮑菇」披薩坐在公園內，邊吃邊看人們跳舞，運動，遊戲。

這種辛香草幾乎沒有蟲害，又多粗放、零星栽培。盛產時，市場菜販常用來贈送顧客。售價雖則便宜，卻適合自家栽種：一則吾人平常用量有限，又不易保鮮；二則作菜時，常臨時想到用它，專程跑一趟市場太費勁費時，不若自家院子或盆栽中可隨意摘取，因而乃是一般家庭陽台常備的盆栽。

然則九層塔不耐久存，也不宜久煮；放在冰箱裡沒幾天就變黑，放在熱湯中也一下子就轉黑了。美好的事物多很短暫。羹湯中加九層塔，最好是熄火起鍋後才放，才能有效釋放芳香；若煮得過於熟爛，葉、梗內的芳香精油揮散殆盡矣。

義大利人最大的貢獻就是將它浸泡在橄欖油中，有效儲存香味和鮮美。

九層塔生命力頑健，每年春夏間開花，秋季果實成熟後即枯萎。古代謂「蕙」、「菌」、「薰」，由於植株含芳香油，莖、葉、花都有厚重的香氣，古人常用以熏衣，或當香包佩在身上。《楚辭》有許多地方提及，用香草來比喻賢能者，諸如〈九章・悲回風〉：「悲回風之搖蕙兮，心冤結而內傷。物有微而隕性兮，聲有隱而先倡」。又如〈離騷〉：「雜申椒與菌桂兮，豈維紉夫蕙茝」；「余既不難夫離別兮，又樹蕙之百畝」；「矯菌桂以紉蕙兮，索胡繩之纚纚」；「既替余以蕙纕兮，又申之以攬茝」；「攬茹蕙以掩涕兮，霑余襟之浪浪」……白居易〈后宮詞〉也說：「淚盡羅巾夢不成，夜深前殿按歌聲。紅顏未老恩先斷，斜倚薰籠坐到明」。

它似乎是永遠的配角。然則也不盡然。獲《飲食雜誌》餐館評鑑五星殊榮的臺北「點水樓」，用九層塔設計了一套宴席，使這配角忽然有了亮麗的身姿，「九層塔拌香干」、「鎮江肴肉」、「半天花九層塔」、「九層塔墨魚燒肉」、「九層塔薑蔥鰻片」、「塔香鮮肉一口酥」尤其表現傑出。

我特別欣賞「九層塔拌香干」，九層塔一變為主角，香得令精神振作。我們在上海常吃薺菜、馬蘭頭拌香干，忽然重新認識九層塔，才驚覺原來真正的美人竟在自己家裡。

# 過貓

五—十月

過貓菜即過溝蕨（vegetable fern）的嫩莖葉，乃鱗毛蕨科雙蓋蕨屬，臺灣原住民中以阿美族最識此菜，族語稱呼「pahko」，日文為「クハレシダ」。由於嫩葉未展開前，其柄細長，尾端蜷曲如鳳尾，又叫「山鳳尾」。過貓菜的蜷狀嫩葉一旦展開，即不宜食用。

在花東縱谷的田野、溪澗陰濕處常見這種野菜的身影。現在已堂皇登上大餐館檯面。其生命力強韌，耐濕又耐熱，甚少病蟲害，栽培日多，臺灣以南投、臺東、花蓮為盛；全年皆可生產，尤以五至十月最當令。

馬來西亞稱過貓為「芭菇菜」（pucuk paku），迄今仍為當地土著的日常食物，卻未一直大量種植，馬來人相信自然野生的芭菇菜，有魔幻神秘的味道與文化魅力，遂而連接了藝術創作和民族文化圖騰，帶著熱帶雨林的氣息。

王潤華在我策畫舉辦的「原住民飲食文學與文化國際學術研討會」上發表一篇論文，文中提到孩童時的晚餐桌上常有一盤芭菇菜：「是媽媽或姐姐在河邊所採摘的美味野菜」，做法通常是加上巴辣煎快炒，或者煮咖哩；「鮮少清炒，雖然芭菇菜的清香、輕脆，口感十分迷人，但帶有淡淡的野草味，也有一點泥土氣息。但凡是品嚐過幾次巴辣煎炒芭菇菜，一定令人懷念，甚至上癮」。他感嘆城市裏很多華人餐廳爲了抬高價錢，常將這道鄉土野菜炒蝦或肉，傷害了野菜的主體性。其實馬來族還是喜歡涼拌吃。

過貓蜷曲的末端彷彿一個問號，似乎帶著一種隱喻。王潤華有一首〈芭菇菜〉，詩分三段，其中第二段曰：「晚飯時／一大盤炒熟的蕨菜／仍然從泥濘般的馬來醬裡伸出手／高高舉起巨大的問號／而我們全家人／在眾多的菜肴中／最喜愛用筷子夾起問號／吃進肚子裡／因為在英國殖民地或日軍占領時期／南洋的市鎮和森林裡／有太多悲劇找不到答案」。王潤華來自南洋，芭菇菜連接了成長記憶，有著鄉土的呼喚，也有其魔幻性格，和殖民色彩。

日前在海口「瓊菜王美食村」吃到五指山野菜，口感近似過貓，清香滑嫩，色澤翠綠。這種「鹿舌菜」又名「馬蘭菜」，在戰爭年代是戰士的日常菜，故又名「革命菜」。現在野菜是時髦的盤中餐了，有人吃著吃著吃出感慨：從前在落後的舊中國，野菜吃得香卻吃得不安寧；如今在高級餐館品嚐野菜，油然升起憶苦思甜的滋味。

過貓冷熱皆宜，常見的烹調是涼拌、熱炒、煮湯三法。熱炒可加豆豉、辣椒、蒜頭爆炒，也有人加入雞蛋、覆菜，以麻油炒食甚佳；我覺得用來炒飯也美味。除了臺灣、馬來西亞原住民常吃，北美印地安人、大洋洲毛利人也愛吃。

涼拌的調味方式很多，諸如淋上油醋、果醋，或拌以各種沙拉醬、起司、花生粉、腐乳、醬油、芝麻、味噌等等。我的涼拌作法是：過貓洗淨，切段，先以加鹽沸水汆煮約七分鐘，以去除澀味，再浸泡冷水。起油鍋，爆香蒜末；下過貓、辣椒、調味料拌炒，起鍋前拌花生仁。

過貓的口感滑溜，略帶黏澀，菜蟲猶不懂得品味，因而完全不需噴灑農藥。原住民視為健康養生菜，中醫也說它性甘，寒，滑，有清熱解毒、利尿、安神功能。過貓在鐵、鋅及鉀的表現上都相當突出，屬於高鉀蔬菜；錳含量也比一般植物多，錳能促進發育及血紅素生成，對內分泌活動、酵素運用及磷酸鈣的新陳代謝有幫助。

過貓是原始生命力的象徵，其蜷曲的嫩葉色澤如翡翠，姿態綽約撩人；味道宛如一首幽幽的鄉村歌曲，清新，純樸，抒情了我們的日常生活。

# 瓠瓜

五—十月

秋風吹起，市場消失了瓠瓜身影，稍微輕忽，又是一年後才能見其芳蹤，開始嚴重地思念它。我愛吃這夏令瓜果，愛那清淡柔嫩的氣味和口感，清炒、煮湯都很美。它又對胰蛋白酶有抑制作用，特別適合我這種高血糖的老頭。

古人亦採瓠葉作蔬菜，《詩．小雅．瓠葉》首段：「幡幡瓠葉，采之亨之。君子有酒，酌言嘗之」。瓠瓜是人類最早種植的蔬果之一，原產非洲和印度。河姆渡新石器時代遺址出土瓠瓜籽，可見中國種植瓠瓜已七千年；瓠瓜密切關連著人們的生活，《詩經》早就記載：「七月食瓜，八月斷壺」。古人壺、瓠、匏三名可通用，初無分別。

瓠瓜烹法多元，常見煮、燴、炒，也見諸內餡；可以鮮食，亦宜醃漬、曬乾。元代王禎《農書》記載各種食用法和功用：「匏之為用甚廣，大者可煮作素羹，可和肉作葷羹，可蜜煎作果，可削條作乾。小者可作盒盞，長柄者可作噴壺，亞腰者可盛藥餌，苦者可治病」；「瓠之為物也，累然而生，食之無窮，烹飪鹹宜，最為佳蔬。種得其法，則其實碩大。小之為壺構，大之為瓮盎，膚瓤可以喂豬，犀瓣可以灌燭，舉無棄材，濟世之功大矣」。要之，須掌握鮮嫩時，莫蹉跎到它成熟，失去了食用價值。

趁其鮮嫩，削成條狀，曬乾，煨肉甚佳。《紅樓夢》四十二回平兒送劉姥姥一堆東西，又安慰道：「你放心收了罷，我還和你要東西呢。到年下，你只把你們曬的那個灰條菜乾子和豇豆、扁豆、茄子、葫蘆條兒各種乾菜帶些來，我們這裡上上下下都愛吃。」

另有一種苦瓠瓜，外形似甜瓠瓜卻含毒素，不可食用，誤食後可能會噁心、嘔吐、腹絞痛、腹瀉、脫水、大便帶膿血等症狀。

瓠瓜別稱很多：葫蘆、瓠子、瓠壺、扁蒲、苞瓜……其花朵和果實的大小、形狀相異；果形有棒狀、瓢狀、海豚狀、壺狀等等，類型的名稱亦視果形而定。各種稱呼有點亂，一般依果形粗分為四類：長、圓形稱「瓠瓜」，有的長得像冬瓜；上下膨大而中夾細腰者呼「壺盧」；一頭有腹長柄的叫「懸瓠」，無柄而圓大形扁者為匏；扁圓形則喚「蒲瓜」。臺灣人統稱為「蒲仔」。

好瓜的色澤綠白光亮，形體勻稱，密生白色茸毛。我們吃那白色的瓜肉，覺得肉質細嫩，纖維少；成熟後，果皮木質化。別看它外在堅硬，卻不耐瘠薄，不耐旱也不耐澇，需重肥，更有著柔弱的內在。

鮮食之外，自古亦令其老熟乾燥，用果殼製成各種傳統生活器具，用途極為廣泛，如水瓢、酒壺、水壺、匙等容器，「一簞食，一瓢飲」，用的就是瓠瓜剖開製成的水瓢；蘇東坡詩云「道人不惜階前水，借與匏尊自在嘗」亦然。

也可製樂器、燈具、玩具、裝飾品等等。匏瓜中空，乃弦樂器或彈撥樂器理想的共鳴箱，漢代《禮樂志》載：「有葫蘆笙」，晉代潘岳、王廙、夏侯湛均作有〈笙賦〉，極言匏瓜製笙之音色美，可見葫蘆加工做笙由來久矣。

宋．梅堯臣五言古詩〈田家屋上壺〉也是描寫瓠瓜的葉、蔓、果，特性、味道和功能：「修蔓屋頭綴，大壺簷外垂。霜乾葉猶苦，風斷根未移。收掛煙突近，開充酒具遲。賤生無所用，會有千金時。」壺通瓠，瓠瓜中空，能浮於水面，一壺千金、一壺中流皆比喻東西輕微，卻在需要時顯得十分珍貴。

器具中以酒器最酷。草料場那老兵送豹子頭林沖的就是一個酒葫蘆，伴林教頭在風雪山神廟禦寒，刺殺仇家。

武俠小說盛產酒鬼，酒鬼不免惹人厭，可身上只要掛了酒葫蘆，便多了幾分仙氣和俠義。我還是文藝少年的高中時期，大概覺得用葫蘆灌酒很酷，請人鐫刻了一個葫蘆圖案橡皮章，葫蘆內刻「夢湖醉客」；那是在校刊發表文章用的筆名，我拿來當藏書章，印在每一本買來的書內。

它也寄託著人類善良的希望，象徵美麗。《詩．衛風．碩人》：「手如柔荑，膚如凝脂，領如蝤蠐，齒如瓠犀」，瓠犀是瓠瓜籽，形容美人的牙齒整齊潔白。宋．劉子翬有詩贊曰：

> 溉釜熟輪囷，香清味仍美。
> 一線解瓊瑤，中有佳人齒。

瓠瓜另有一美麗的名字「夜開花」，入夜含羞般開放白花。古人剖瓠瓜為兩瓢，稱為「巹」，新婚夫妻各執一瓢，一起獻酒，叫「合巹而酳」，所謂「合巹而酳共牢而食」的意思，從此一起吃飯過生活。

這種庶民蔬菜有許多隱喻，當年箕季把瓠羹獻給魏文侯，暗示他應該儉樸廉政。孔老夫子自喻瓠瓜徒懸，表示懷才不遇。瓠瓜的外觀美，滋味好，家居若幸得土地種植瓠瓜，聽風在瓜藤下講故事，千百遍生活的故事。元．範梈也在家種瓠：「豈是階庭物，支離亦自奇。巳殊凡草蔓，綴得好花枝。帶雨寧無實，淩霄必有為。啾啾群鳥雀，從汝踏多時。」這首詩多所隱喻，有勵志之意。

杜甫在秦州秋深時作的詩《除架》，頗有功成身退之概：「束薪已零落，瓠葉轉蕭疏。幸結白花了，寧辭青蔓除。秋蟲聲不去，暮雀意何如。寒事今牢落，人生亦有初。」暮雀離去，秋蟲猶訴說挽留，人生聚散倏忽，一如瓠瓜給予的啟示。

臺灣俗諺：「人若衰，種蒲仔生菜瓜」，可見瓠瓜予人珍貴感，幸福感，美滿感。我愛吃瓠瓜，它卓然清淡，有一種崇高的味道。清淡美在中國有悠久的歷史內涵，尤常見於文化詩學，清相對於濁，淡相對於濃，都顯現出高明的價值觀，一種雲淡風輕的人生境界。

# 茄子

中部五—十月，南部九—四月

多年前王安憶、李銳、莫言、余華等幾個作家來臺北，我邀他們在仁愛路一家老字號北方館子吃飯，除了紅燒茄子、芝麻燒餅和褡褳火燒，其它菜餚都很一般，早已面貌模糊；燒茄子入味而糜爛，將近二十年過去了，我仍記得當時和他們共享那蒜香。

入味，糜爛，堪稱茄餚的美學特徵。茄子一烹即爛，本身的味道不明顯，往往依賴蔥、薑、蒜、辣椒、肉來幫襯。

可能是對肉的渴望，驅使人們將菜燒出肉味。《紅樓夢》的醃茄子就繁縟極了，四十一回的「茄鯗」烹調過度，鳳姐兒向劉姥姥詳述茄鯗的作法：「把才下來的茄子皮劏了，只要淨肉，切成碎釘子，用雞油炸了，再用雞脯子肉並香菌、新筍、蘑菇、五香腐干、各色乾果子，俱切成釘子，用雞湯煨乾，將香油一收，外加糟油一拌，盛在瓷罐子裡封嚴，要吃時拿出來，用炒的雞瓜一拌就是。」

以清淡見長的日本料理，也不免要靠味噌、芥末、醬油來提味。矢吹申彥說茄子是爽口的下酒菜，卻不宜生吃，最簡單的辦法是搓鹽醃漬，茄子對半縱切，抹鹽即可，「做這道小菜時需要一心不亂地搓抹，感覺像發瘋一樣」，他在《男性料理讀本》贊嘆：「吃的時候稍微蘸點醬油，會好吃到讓人覺得茄子似乎生吃也不錯。」

歷代詩人可能以黃庭堅最愛茄子，〈謝楊履道送銀茄〉所述亦是鹽漬做法：「藜藿盤中生精神，珍蔬長蒂色勝銀。朝來鹽醯飽滋味，已覺瓜瓠漫輪囷。」另一首：「君家水茄白銀色，殊勝壩裡紫彭亨。蜀人生疏不下節，吾與北人俱眼明。」

然則茄子嗜油已到了狂妄的地步，燒一盤茄子，往往吸附不少油脂。中醫說茄子能降血脂，潤肺，清腸通便；然則像茄鯗的烹調過程用這麼多油（先用雞油炸，再用香油收，最後用糟油拌），還奢望它能降血脂？血脂沒飆高就阿彌陀佛了。

茄子可能原產於東南亞或印度，野生茄具皮刺，馴化後傳至世界各地，大約南北朝隨佛教傳入中國。後魏農書《齊民要術》載種茄子法，不過當時的茄子像「彈丸」般小而圓，歷經多次篩選改良才變大變甜。其別稱包括：茄瓜、矮瓜、昆侖瓜、落蘇、酪酥、吊菜子。古梵文稱茄為 vatin-ganah，意謂防止放屁的蔬菜。

它的藥膳功能古來即被認同，唐·段成式《酉陽雜俎》敘述：「茄子熟者，食之厚腸胃，動氣發痰，根能治竈瘃。欲其子繁，待其花時，取葉布於過路，以灰規之，人踐之，子必繁也，俗謂之嫁茄子。僧人多炙之，甚美。」嫁茄子的文化習俗太玄，不過我也偏愛焗烤茄子。

魚香茄子煲兼具川菜和粵菜特色，魚香是川菜主要傳統味型之一，成菜帶著魚香味，卻無魚，而是以泡紅辣椒、葱、薑、蒜、糖、鹽、醬油等調味品調製而出，味道甚濃，融合了香、鮮、辣、鹹、辛、甜。按中醫理論，茄子性味甘，涼，滑寒。體質虛冷，脾胃虛寒，慢性腸滑腹瀉及肺寒者慎食。然則烹煮時若搭配以蔥、薑、蒜、香菜等溫熱的配料，有互濟之功。一般做法是茄子切塊，油炸，瀝乾，加調料用砂鍋燒製，並可加入鹹魚提味。

後魏．賈思勰《齊民要術》所述「缹茄子法」庶幾接近魚香法：「用子未成者（子成則不好也），以竹刀骨刀四破之（用鐵則渝黑），湯煠去腥氣。細切蔥白，熬油令香，香醬清。擘蔥白與茄子俱下，缹令熟，下椒薑末。」第一句意謂種籽未成熟者，茄肉飽滿而柔嫩；種籽成熟後，吸取較多養分，則茄肉風味遜矣。

茄子嗜油的性格很適合客家料理，客家茄子除了蒜頭、辣椒，九層塔尤不可或缺。我的做法是茄子切滾刀塊以利入味，略泡鹽水以降低吃油量，下鍋翻炸，瀝油；拌炒蒜頭、辣椒等配料，加入些許醬油和九層塔，拌炒均勻。

茄子的品種類型相當豐富，形狀包括長形、橢圓、圓形、卵形、梨形等等，顏色有紫、紫黑、橘紅、淡綠、白色，紫色最常見，尤其亮澤姣美。梁．沈約一首五言古詩〈行園〉前四句：「寒瓜方臥壟，秋菰亦滿陂。紫茄紛爛熳，綠芋鬱參差」。紫茄把紫色表現得華麗而高雅。

茄皮的顏色來自花色素（Nasunin），其抗氧化、抑制血管增生的功能甚強，蓋腫瘤生長需要血管增生以提供營養，花色素可能具抗癌效果。紫茄的維生素P含量高，可增強細胞間的黏著力，保持細胞、毛細管壁的正常滲透心生增加微血管的韌性和彈性，防止毛細血管破裂及硬化，提高我們對疾病的抵抗力。

我從小不愛吃茄子，嫌它糜爛如泥，涼掉後尤其不堪入口；豈料年紀大了逐漸喜歡上茄子。口味的改變意味著人生境遇的改變，也許牙口差了，力氣耗弱了；也許飽嚐過太多苦澀，轉而欣賞茄子隱而不彰的甜，輕淡的苦，它的細皮嫩肉表現一種潤滑感，綿滑感，完滿地包裹著舌頭，一種吃軟不吃硬的美學手段。

# 辣椒

全年，六月—九月盛產

海鮮麵上桌，我順手舀一茶匙辣醬在麵上，香味隨著蒸氣衝進鼻腔，誘引大口吃麵。不料那辣勁十分厲害，來得既迅且猛，好像嘴唇燃燒了，舌頭在生煙。

龍泉市場這小吃攤供應的辣椒醬極兇狠，我嗜辣，幾度挑戰般嘗試，越試越怯懦，終於不敢再碰。老闆很得意，說是他們用魔鬼椒自製的；我認為這種魔鬼辣醬只宜靠嗅覺欣賞，不慎送進嘴裡則摧殘舌頭，痛覺消滅掉嗅覺和味覺，是一種蠻橫的死辣。情急下喝一口熱湯，舌頭忽然像被毒蠍子咬到，覺得需要馬上送醫急救。

辣椒之辣勁在於辣椒素（Capsaicin）含量，這種化學物質非常頑強，烹煮和冷凍也難以改變；吃下去會引起灼燒之痛覺，卻也能促進腦內啡（Endorphins）分泌，令人興奮的天然止痛劑。

辣度多以斯科維爾單位（Scoville Heat Unit）計較，例如印度的「斷魂椒」有一百零四萬個ＳＨＵ，曾經公認是地表最辣的；後來被一百三十八萬個ＳＨＵ的「娜迦毒蛇椒」（Naga Viper pepper）超越。目前最辣的大概是卡羅萊納死神辣椒（Carolina Reaper），辣度約一百五十六萬個ＳＨＵ，更勝特立尼達蠍子壯漢Ｔ（Trinidad Scorpion Butch T）辣椒的一百四十六萬個ＳＨＵ。一般來講，辣椒越小越辣，因為相對於大辣椒，小辣椒含有更多的種子和筋絡。

一旦遭辣椒刺痛舌頭，喝水無法解救，因為辣椒素不溶於水；有人受不了就灌冰啤酒更錯誤，蓋酒精會增加辣椒素的吸收，非但不能救火，反而是火上澆油。奶製品含有酪蛋白（casein），才能把辣椒素溶解在水裡帶走，舒緩痛覺，如牛奶、優格、冰淇淋；吃糖也行，因甜味會切斷痛覺傳輸到腦的途徑；澱粉類如米飯、麵包也可以中和辣椒素中的天然生物鹼。

這種茄科辣椒屬植物未成熟時呈綠色，成熟後變鮮紅、黃或紫，紅色最為常見。別稱包括：番椒、辣茄、辣角、海椒、秦椒、圓椒、尖椒、團椒、唐辛、雞嘴椒、釘頭辣椒。人工栽培的品種甚多，諸如朝天椒、菜椒、小米椒……原產於熱帶中南美洲，古印第安人早在公元六千年前即已馴化為作物，從秘魯到墨西哥皆有古人培植辣椒的記錄。

目前已識別出近二百種辣椒。種類太多，甚至連這個詞的拼音也有點亂，一般用法是：chile通常指辣椒植株或果實；chili意謂包含了肉、辣椒或豆子的傳統菜餚；chilli則指商店裡賣的香料粉末，包括了辣椒粉和其它調味料。十五世紀末，哥倫布誤把辣椒當成生產黑胡椒的植物，乃命名為胡椒（pepper），如今歐洲還以訛傳訛。

哥倫布將辣椒帶回歐洲，從而傳播到世界各地，明代末期傳入中土。晉．郭璞有一首四言古詩〈椒贊〉：「椒之灌植，實繁有榛。薰林烈薄，馞其芬辛。服之不已，洞見通神。」詩中所指，應是花椒。明人高濂《遵生八箋》：「番椒叢生，白花，果儼似頹筆頭，味辣色紅，甚可觀」；湯顯祖《牡丹亭》亦提到辣椒。辣椒起初作觀賞植物，後來才廣泛成為烹調辛香料，是世上使用範圍最廣的調味品。典型用作佐料或調味料，能增進食慾。除了鮮椒，辣椒醬、豆瓣醬、泡椒、油潑辣子、豆豉辣椒……花蓮名產「剝皮辣椒」，用糖、鹽、醬油醃漬後油炸。

世上最嗜辣的可能是墨西哥人，他們吃水果竟蘸辣椒粉，喝龍舌蘭酒也是一口酒、一口辣椒汁。辣椒最先從江浙、兩廣傳進中土，卻在長江上游、西南地區普遍起來。辣的文化最深刻的大概是四川：水煮魚、豆瓣魚、麻婆豆腐、麻辣火鍋、宮保雞丁……我們不敢想像川菜、湘菜、黔菜、滇菜缺少辣椒怎麼辦？韓國泡菜沒有辣椒會多麼可怕？

熱帶地區的人較嗜辣椒，乃是它刺激感官，令心跳加快，逼迫流汗，體溫下降，彷彿天然的空調。中醫說辣椒：辛，熱，有小毒。《本草綱目拾遺》：「性熱而散，亦能祛水濕」；《食療本草》：「消宿食，解結氣，開胃口，辟邪惡，殺腥氣諸毒」。辣椒的刺激性強，吃多了會導致內火旺盛。咳嗽、各種出血症狀、口舌發炎生瘡、肺結核、胃潰瘍、咽喉炎、高血壓、結膜炎、痔瘡患者都要忌食。

它的味道雖則強悍，生命力卻有點弱，不耐旱也不耐澇，怕霜凍又忌高溫。選購時應挑較成熟、乾燥、結實而沉重、表皮光亮者。種植辣椒不免使用農藥，買回來須清洗潔淨。洗淨後，晾乾，用紙巾包好，放進冰箱保鮮櫃內，可延長保鮮期；避免置諸塑膠袋內，以免累積的濕氣會加速辣椒腐爛。

辣椒之味很深刻，蠻夷之邦對辣就很糊塗，英文的辣等同於「熱」，無論辣的層次有多麼繁複，那獃舌只感受到熱。梁秉鈞〈黃色的辣椒〉一詩歌頌辣椒，愛它的明亮，「照亮了我的餐桌」，並使用了大量的比喻：艷麗的掛氈、微雨的小城、有溫泉的城市、擅長刺繡的家鄉、跳舞的木偶、唱歌劇的農民、沒有橋墩的大橋、頑皮的高音等等，形容其味道，充滿了隱喻：

音樂裡破碎的完整
你借來小提琴的肩膀
古堡裡偷望遠方的圓窗
可能滑稽但卻絕不平庸
你是昨夜的溫床
剛好容得下新的想像

詩人了解辣椒的豐富滋味，質感和色彩；它是一種感性的香料，負著喚醒味覺的任務。火熱，興奮，趣味，可轉喻為生命之火，靈魂之火，它激勵人心，帶領我們到另一種精神境地。

# 山葵

全年

已經習慣每天清晨吃芥末（mustard）了。攤商知道我這個老主顧食量大，蘸料也用得多，每次都給了約三倍的芥末量。這家虱目魚攤比大部分餐館潔淨衛生，操作認真，魚都是一份一份地煮，絕不馬虎。我喜歡看邱氏夫婦煮魚，常被那一絲不苟的態度所吸引。我問昨天為什麼又不出來營業？魚貨不漂亮，邱老闆說。

邱老闆苦於眩暈宿疾，發作時就在家休息，或竟艱忍著營業，整治魚腸，煮飯，熬湯。從前我不了解，曾埋怨他太愛休假，缺乏社會責任感。有一次我特地帶音樂家陳郁秀、張正傑前往，又沒出來營業，我們敗興地吃清粥小菜，也有魚，卻沒有芥末。

臺北除了「邱丘虱目魚」攤，清晨只有在臺南才吃得到這種好滋味，如「阿堂鹹粥」的魚粥、魚腸、魚湯都很美味，可惜其蘸料用辣醬和醬油，滋味稍遜矣。生活若沒有了芥末，魚鮮怎麼辦？人生太無常，世間美好的事物又都很短暫，我每天清晨吃虱目魚蘸芥末醬油，總是充滿了珍惜，感恩。

芥末又叫芥子末，乃芥菜成熟的種籽，經乾燥加工處理製成，臺灣人吃生魚片、握壽司多用芥末醬——以芥末粉泡水調製。芥末調一點醬油蘸水產吃，芳香辛辣，另帶著嗆味，能催淚，並強烈刺激口舌。大清早，它喚醒所有沉睡的感官。

臺灣人多喚芥末「わさび」，其實わさび是山葵。至於吃粵式點心、熱狗、漢堡所用膏狀「芥末醬」其實是辣根（horseradish）所製，辣根又稱為西洋芥末，味道相對溫和。

芥末作調料也常見於中國北方，主要用來拌菜，如芥末白菜和芥末雞絲等。日本人則愛用咱們阿里山的新鮮山葵研磨，山葵的價格遠較芥末粉、辣根昂貴。

山葵是高山植物，我們用來製蘸醬的是其綠色長條狀根莖，表皮粗糙，較高檔的日本料理餐廳多用山葵。檢驗日本料理店的水平，第一個標準可以是蘸醬，我們不會要求路邊攤用山葵，我們也不會容忍收費昂貴的餐館使用芥末粉。

芥末的辛嗆甚強，一入口辛嗆就直沖腦門，催人眼淚。山葵之味卻相對輕淡，些微的辛嗆味之外，散發幽微的清香，幫助魚生展現其鮮美，是日本最有代表性的調料之一，可謂日本料理的符碼。除了和生魚同食，也適合佐各種海產，和蕎麥麵、泡飯。尤其夏天，わさび醬汁澆淋冰涼的蕎麥麵，如烈日柳蔭下品茗，淡定，閒適，忽然領悟什麼。

我愛山葵清新的氣質，迷人的香味，每次去濱江果菜市場旁「安安海鮮」買生魚片，都順便買一根山葵回家，洗淨，去皮，研磨成泥，抹一點在生魚片上，再蘸一點點醬油吃。神的路途穿越澗水，穿越阿里山的煙嵐，來到我面前。啊，求主垂允，在人生的道路上，常有它陪伴。

山葵原產於日本，性喜冷濕，它適宜生長於高山水畔，水質越冷冽清澈越利於成長，過程不需要肥料，也毋需呵護照顧，是不會污染環境的綠色食品，難怪氣質脫俗出塵。日據時代日本人即引進阿里山上栽種，所生產的山葵幾乎都是賣給日本人，至今新鮮山葵大部分仍然外銷到日本。吾人旅遊阿里山，買些山葵帶回家，是高尚的伴手禮。

日本人總是把最好的農產品留給自己，次級以下的才外銷讓外國人吃。臺灣山葵較日本所產碩大而芳香，我在東京築地市場見咱們的阿里山山葵和當地山葵並列，風姿更美，價格更高，忽然升起一種優越感。

山葵清香，外在雖似煙籠寒水，卻絲毫不婉約溫柔，彷彿拒絕馴化的女性意識，智慧，勇敢，有一點野性，帶著高度節制的叛逆性，卻不致全面顛覆，不會強出頭，去遮蓋一切，主導一切。

# 番薯

全年

銀行曾饋贈一張新貴通卡，我有時出國走進機場貴賓室，只為了吃一條烤番薯，習慣了，多年來不覺有異。最近兩次收到帳單，原來已改成須自付貴賓室費用，我吃的那條烤番薯須付新台幣八百四十三元，兩條烤番薯，支付一千八百八十六元，當然是我吃過最昂貴的番薯了。番薯其實多很廉價。

龍泉街賣番薯的老伯坐在小板凳上，守著大圓桶裡的番薯，生意寒流般清冷，他似乎每天都很疲憊，路過時總是見他閉著眼睛在瞌睡，有時想買又不忍心吵醒他。

賣番薯能夠營生嗎？利潤應該很微薄。我有時在街頭見婦女賣烤番薯，圓桶推車上有一面紅色旗幟：「木炭烤地瓜 拉把單親媽」。她們每天推著番薯車遊走市區，賣的品種有點碩大，甜度稍顯不足，希望創世基金會能批好一點的貨，供應她們；我還是會刻意尋找單親媽媽的身影買番薯。

我從小愛吃番薯，愛它甜蜜，潤澤，輕易就予人愉悅，飽足。清道光年間，隨宦來臺的徐宗勉歌詠番薯：「交錯禾麻皆唪唪，栽培根柢乃綿綿。剝菹絕勝烹瓠葉，應補農書第一篇」。詩作得不好，卻對番薯十分贊嘆。另一首稍佳：「何堪薪桂米如珠，疐齕還留菜色無。籌滿爭如收黍稷，藤抽果爾敏蒲廬。翻匙雪共齏成粉，切玉香同筍入廚」。清代臺灣詩人黃化鯉歌詠：「味比青門食更甘，滿園紅種及時探。世間多少奇珍果，無補饔飧也自慚。」顯見番薯在清代已普遍受歡迎。艋舺老街「貴陽街」，舊名「番薯市街」，因早年漢人上岸後，常在此和平埔族人交易番薯。連橫《臺灣通史．農業志》有一段記載，大致敘述了臺灣的番薯品種和食用習慣：

番藷：一名地瓜，種出呂宋。明萬曆中，閩人得之，始入漳、泉。瘠土沙地，皆可以種。取蔓植之，數月即生。實在土中，大小纍纍。巨者重可斤餘。生熟可食。臺人藉以為糧，可以淘粉，可釀酒。其蔓可以飼豚。長年不絕，夏秋最盛。大出之時，掇為細條，曝日極乾，以供日食。澎湖乏糧，依此為生。多自安、鳳二邑配往。藷有數種：曰鷃哥，皮赤肉黃，為第一；曰烏葉，皮肉俱白；曰青藤尾，曰雞膏，最劣。又有煮糖以作茶點，風味尤佳。

一般咸信，這種塊莖植物原產於中南美，哥倫布帶它回歐洲，明末時期葡萄牙、西班牙水手再將它傳入中國；秘魯中部西岸地區的居民，可能是最早吃番薯的族群。番薯的別稱很多：地瓜、紅薯、甘藷、山芋、香芋、番芋、金薯、白薯、朱薯、甜薯、紅苕、線苕、番葛等等，現在全世界已廣泛栽種。

臺灣島嶼形似番薯，全年皆產番薯，臺灣人也愛以番薯自喻，帶著幾分自豪和認命。番薯是舶來品，卻在臺灣落地生根，成為臺灣符碼。康原的閩南語詩〈番薯園的日頭光〉

寫日本殖民政府奴隸臺灣人，也是以番薯為喻：「日本人　毋準番薯園／見著　日頭光／番薯注定過著奴隸的日子？」吳晟〈蕃藷地圖〉第一段：「阿爸從阿公粗糙的手中／就如阿公從阿祖／默默接下堅硬的鋤頭／鋤呀鋤！千鋤萬鋤／鋤上這一張蕃藷地圖／深厚的泥土中」，番薯在全詩清楚指涉臺灣，臺灣的悲苦和榮耀，傳承和血緣，一詠三嘆地贊頌番薯人。

芋仔、番薯，分別是一九四五年後來臺的外省人和福佬臺灣人的隱喻，人類學家張光直出生於北京，十五歲時返回臺灣，他在回憶錄《蕃薯人的故事》中自承是「芋仔」，也是「蕃薯人」。臺灣番薯多為黃肉種及紅肉種，林清玄〈紅心番薯〉敘述農夫父親和番薯的感情：

> 父親到南洋打了幾年仗，在叢林之中，時常從睡夢中把他喚醒，時常讓他在思鄉時候落淚的，不是別的珍寶，只是普普通通的紅心番薯。它烤炙過的香味，穿過數年的烽火，在萬金家書也不能抵達的南洋，溫暖了一位年輕戰士的心，並呼喚他平安的回到家鄉。他有時想到番薯的香味，一張像極番薯形狀的臺灣地圖就清楚的浮現，思緒接著往南方移動，再來的圖像便是溫暖的家園，還有寬廣無邊結滿黃金稻穗的大平原……

戰後返回家鄉，父親的第一件事便是在家前家後種滿了番薯，日後遂成為我們家的傳統。家前種的是白瓤番薯，粗大壯實，可以長到十斤以上一個；屋後一小片園地是紅心番薯，一串一串的果實，細小而甜美。白瓤番薯是為了預防戰爭逃難而準備的，紅心番薯則是父親南洋夢裏的鄉思。

在貧困的年代，番薯常用來代替稻米，清道光年間來臺任知縣的徐必觀〈地瓜簽〉：「沿村霍霍聽刀聲，腕底銀絲細切成。范甑海苔同一飽，秋風底事憶蓴羹。」范甑即飯甑，古代蒸飯的木質炊具。清道光臺南人施士升〈地瓜行〉敘述臺灣地瓜血源：

葡萄綠乳西土貢，荔支丹實南州來。
此瓜傳聞出呂宋，地不愛寶呈奇材。
有明末年通舶使，桶底緘藤什襲至。
植溉初驚外域珍，蔓延反作中邦利。
白花朱實盈郊園，田夫只解薯稱番。
豈知糗糧資甲貨，唪唪可比蹲鴟蹲。
海隅蒼生艱稼穡，惟土愛物補磽瘠。

不得更考范氏書，豐年穰穰滿阡陌。

施士升生平不太可考，僅知他是道光年間生員。另一臺南人施瓊芳（1815～1868）有一首〈地瓜〉詩，讀來十分可疑，幾乎全抄襲自施士升的作品：

葡萄綠乳西土貢，離支丹實南州來。
此瓜傳聞出呂宋，地不愛寶呈奇材。
萬曆年中通舶使，桶底緘籐什襲至。
植溉初驚外域珍，蔓延反作中邦利。
碧葉朱卵盈郊園，田夫只解薯稱番。
豈知糗糧資甲貨，汶山可廢蹲鴟蹲。
聖朝務本重耕籍，地生尤物補磽瘠。
不須更考王禎書，對此豐年慶三白。

太平洋戰爭期間，物資匱乏，番薯是臺灣人的重要糧食。直到四、五〇年代，貧窮人家休想奢望吃到不加番薯籤的純粹白米飯；番薯才是主食，白米只是點綴，臺灣的帽子大王戴勝通就說，他小時候最大的夢想是吃一碗香噴噴的白米飯。

番薯總是價賤，閩南語俗諺：「時到時擔當，無米再來煮番薯湯」，可見番薯是迫不得已時的糧食。客家俗諺：「嫁妹莫嫁竹頭背，毋係番藷就係豬菜」，說什麼也不願女兒嫁到深山，過貧苦生活，肩上總是背負著番薯和番薯葉。番薯葉曾經是豬菜，如今是很時尚的健康美食。聽說番薯皮含豐富的多醣類物質，能降低血液中的膽固醇、保持血管彈性，預防血管硬化及高血壓等心血管疾病。連皮一起吃更營養。

大凡蔬果以握在手中具沉甸感為佳，選購番薯亦然，當然要挑形體完整、無發芽、無黑斑、無蟲蛀者，最好表皮平滑。未烹熟前勿放進冰箱，以免變乾硬走味。

對臺灣人來講，番薯具草根性，帶著文化認同的情感；且象徵堅忍，耐旱，又轉喻為旺盛的生命力，撲地傳生，枝葉極盛。明．何鏡山〈番薯頌〉：

> 不需天澤，不冀人工，能守困者也；不爭肥壤，能守讓者也；無根而生，久不枯萎，能守氣者也；佐五穀，能助仁者也；可以粉，可以酒，可祭可賓，能助禮者也；莖葉皆無可棄，其值甚輕，其飽易充，能助儉者也；耄耋食之，不患哽噎，能養老者也；童稚食之，止其啼，能慈幼者也；行道鬻乞之人食之，能平等者也；下至雞犬，能及物者也；其於士君子也，以代匱焉，所以固其廉；以廣施焉，所以行其惠，蓋諸

德備焉。

隨遇而安，生命力頑強，瘠土砂礫之地都可以生存。林清玄〈紅心番薯〉：「我在澎湖人跡已經遷徙的無人島上，看到人所耕種的植物都被野草吞滅了，只有遍生的番薯還和野草爭著方寸，在無情的海風烈日下開出一片淡紅的晨曦顏色的花，而且在最深的土裏，各自緊緊握著拳頭。那時我知道在人所種植的作物之中，番薯是最強悍的。」乾燥令澱粉沉積，在沙質土壤長大的番薯都比較甜。

烹調番薯的手段無窮，可煮飯、熬粥當主食，亦可融入點心創作，如蜜番薯、地瓜球；自然也能變化出各種菜餚，其葉亦可煮可炒。我尤愛烤製，烤番薯最高級的形式委實是焢土窯。二期稻作收割後，天氣轉寒，或在番薯田間，就地挖取番薯來烤。

童年的焢窯經驗深烙在記憶裡，那是生命中最早的野炊，和建築工程。大人挑選一些乾土塊堆土窯，先用兩塊紅磚固定為爐口，底下是較大的土塊以穩定地基，往上擇用越小的土塊，往上逐漸內縮，緊密堆成底寬上窄的土塔。我們小孩負責去撿枯稻桿、樹枝作柴火；燒窯，火越燒越旺，燒到那些土塊變褐變黑，就是破窯時：在窯頂開一個洞，放入地瓜和其它食材，搗垮土窯，用燒燙的土塊掩埋所有的食材，上面再覆上一層土，填滿間隙，夯實，避免熱氣散失，令食物在裡面慢慢燜熟。

開窯時像煙火慶典，圍繞著期待、興奮的眼神，挖寶般小心鏟開土塊，不時冒出一縷縷白煙，番薯香逐漸濃厚地升上來，立刻奪去了所有人的呼吸。剛出窯的地瓜非常燙，得一直左手換到右手，右手再換到左手，又迫不及待想吃，剝皮，吹氣，張嘴，恨不能掏出舌頭來搧涼。

焢土窯不僅可以燜烤地瓜，芋頭、花生、玉米、茭白筍、雞、魚丟進去烤皆美味。這種野炊不需任何器皿，充滿了趣味和魅力。火灰、餘燼煨焙的食物，有其它烹飪手段所無的煙火氣，特別帶著人間況味；寒天裡，在休耕的田間燒土窯，那怕只有一個下午，也能溫暖一生的記憶。

# 苦瓜

六—隔年三月

幼年家貧，餐桌上多以蔬菜為主，母親有時煮苦瓜封，算是加菜。母親遇人不淑，獨力撫養我們兄妹，那時她尚未中風，廚藝尚可：苦瓜切成圓環狀，去籽；絞肉調味後，加入蔥花、太白粉拌勻，塞入苦瓜環內，壓實，入鍋煮熟。後來我才明白她的心境和討生活一樣，都很鬱苦；卻都是獨自吃苦，從未訴苦。我清楚記得她如何用苦瓜封、小魚乾炒苦瓜撫慰兒女。苦瓜於我，因而有了感激的意思。

臺諺「吃苦若吃補」，苦瓜有深味，它的微苦相當溫和；苦後回甘，其味清淡幽雅，予人圓潤感，搭配得宜，更有提味增鮮的功效。臺灣苦瓜可粗分為白皮、綠皮、山苦瓜三種，白皮者如白玉苦瓜、蘋果苦瓜；綠皮者如粉青苦瓜、大青苦瓜；一般色澤越綠則越苦，山苦瓜深綠色，苦味最濃。山苦瓜又名土瓜、王瓜、苦瓜蓮，深綠色，果米較小，能調節血脂和血糖，抑制脂肪的吸收，被譽為「脂肪殺手」。

苦瓜的味道太深刻了，遂有許多轉喻，張芳慈〈苦瓜〉詩喻歲月的折磨：「走過／才知道那是中年／以後弄皺了的／一張臉／凹的 是舊疾／凸的 是新傷／談笑之間／有人說／涼拌最好」。

白玉苦瓜晶瑩剔透，色白如玉，組織幼嫩，肉厚，汁多，苦味較輕淡，是臺灣農業改良的優秀品系，經過多年雜交、純化、篩選而成，強化了抗病性和抗蟲性；二〇一三年開始在中國大陸北方試種、推廣。

我愛那溫潤的白，豐美的真實。也斯〈帶一枚苦瓜旅行〉運用他擅長的以物喻人，所頌即白玉苦瓜：「你讓我看見它跟別人不一樣的顏色／是從那樣的氣候、土壤和品種／窮人家的孩子長成了碧玉的身體／令人抒懷的好個性，一種溫和的白／並沒有閃亮，卻好似有種內在的光芒」；又另有所指地說它晶瑩如玉：

澄澈得教人咀嚼可以開懷
我在說每個人該好好說的
明白的話裏說我自己想說的
混亂的話，我獨自擺放杯盤
隔著汪洋，但願跟你一起
咀嚼清涼的瓜肉
總有那麼多不如意的事情
人間總有它的缺憾
苦瓜明白的

也斯好像特別鍾愛苦瓜，另一首苦瓜詩〈給苦瓜的頌詩〉很美，抄錄如下：

等你從反覆的天氣裏恢復過來
其他都不重要了
人家不喜歡你皺眉的樣子
我卻不會從你臉上尋找平坦的風景
度過的歲月都摺疊起來
並沒有消失
老去的瓜
我知道你心裏也有
柔軟鮮明的事物

疲倦地垂下
也許不過是暫時憩息
不一定高歌才是慷慨
把苦澀藏在心中
是因為看到太多虛假的陽光

太多雷電的傷害
太多陰晴未定的日子？
我佩服你的沉默
把苦味留給自己

在田畦甜膩的合唱裏
堅持另一種口味
你想為人間消除邪熱
解脫勞乏，你的言語是晦澀的
卻令我們清心明目
重新細細咀嚼這個世界
在這些不安定的日子裏還有誰呢？
不隨風擺動，不討好的瓜沉默面對
這個蜂蝶亂飛，花草雜生的世界

全詩描述苦瓜的特質，兼及藥理價值。路人皆知苦瓜能清熱降火，能明目，助消化，清涼解毒，利尿，對糖尿病尤具療效，萃取物可抗癌。這種攀緣蔬菜原產於熱帶，屬葫蘆科，經過長期的栽培選擇，適應性已增強，南北各地均可栽培。選購以外形兩頭尖、瓜身直為佳，表皮的鱗目越大越飽滿，則瓜肉越嫩越厚，苦感稍小。

它的果實如紡錘掛在瓜棚下，瓜面鱗目如瘤狀突起，又稱癩瓜，形似荔枝，遂又稱錦荔枝。其別名不多，《廣州植物志》稱涼瓜，《群芳譜》喚紅姑娘；亦名君子瓜、半生瓜，意謂著「苦己而不苦人」、「不傳己苦與它物」的個性，與其它配菜如魚、肉同炒同煮，會令其它食物更有層次，卻不把苦味傳給對方，人們譽之為「君子菜」。苦瓜雖苦，卻不會把絲毫苦味感染和它搭配的菜。

苦瓜生吃較苦，其苦味來自果實裡的苦瓜素（Mormodicine），果腔內的籽和白膜最苦，剖開後宜挖掉。近二十年來流行生機飲食，苦瓜是其中要角，焦妻生前頗信仰生機飲食，逼迫我每天早晨喫五蔬果。我雖則半信半疑，至今仍保持著她規範的習慣，每天早晨出門前，例喝一杯果菜汁，其中的苦瓜味總是最清晰，內斂，深情，善於包容，又堅持自己。

「苦瓜和尚」石濤每天都要吃苦瓜，甚而將苦瓜備奉案頭，畫作〈苦瓜圖〉筆法恣縱，瓜和枝蔓佔取對角線右半邊，瓜斜枝下，寬葉細莖，亂點出渾圓的苦瓜，自題：「這箇苦瓜老濤就喫了一生，風雨十日，香焚苦茗。內府紙計四片，自市不易得也，且看何人消受」。唯有淒苦過的生命能充分欣賞那滋味吧；唯有對苦瓜用情至深的藝術家，才能有這等美學手段。

世間諸味以苦味最不討喜，苦瓜之美卻是那清苦滋味，它不像黃蓮那麼苦，而是嚼苦嚥辛後衍生的一種甘味，輕淡不張揚的甜，一種美好的尾韻。

年輕時總是畏苦，這種條件反射往往要到中年以後，才慢慢能欣賞苦瓜之苦，期間歷經了人生的風浪，被生活反覆折磨過，欲說還休，坦然接受，復仔細品味。

# 花椰菜

八—隔年三月

我歡喜在家烤季節蔬菜：櫛瓜、花椰菜、蘑菇、杏鮑菇、彩椒、大蒜、洋蔥、玉米、茭白筍，簡單地撒些岩鹽，淋上橄欖油即送入烤箱；有時變換口味，上面覆蓋些乳酪絲。端起不斷冒煙的大鐵盤，繞著餐桌分別夾綜合蔬菜給親友，其中尤以花椰菜受歡迎，輕易就贏得大家的贊美和笑容。

日前參訪了埔鹽鄉施議芳先生的花椰菜園，每顆菜都用紙包裹起來保護著，拆開來看，花苔緊密，白皙，麗人般豐美。除了花菜，菜園裡也種了許多自家要用的高麗菜和蔥。

花椰菜早就是歐洲人熟悉的食物，羅馬人稱之為 cauliflora，意謂一種開花的甘藍菜，英文名 cauliflower 就是 cabbage flower 甘藍菜花的縮寫；目前流行的是十二世紀在西班牙培育的品種，大約在十六世紀從地中海東部傳入法國。華人和它相見恨晚，二十世紀初才傳到中土，現在已普遍種植。坊間偶爾也出現羅馬花椰菜，外形像鮮翠的綠珊瑚，甚是美麗。

這種十字花科的蔬菜是甘藍的變種，主要食用的部位是植株的花球，即是由肥嫩肉質的花梗組成，整顆菜確實像一朵碩大盛開的花。一般粗略分為白花菜和青花菜，白花菜又稱花菜、菜花或椰菜花；青色種花菜叫青椰菜、西蘭花，或稱美國花菜，英文名 broccoli，乃義大利原住民 Etruscan 從甘藍菜選植培育而成。

在蔬菜中，它的營養價值相對不算高，比較豐富的是維生素C，可口感甚優。臺灣以冬天、春天所產的花椰菜最清甜；到了夏天，口感遜矣。

花椰菜不宜久煮，汆燙一下即可，炒或蒸都很好吃，作生菜沙拉尤其好，可惜冬天不適合吃生菜。汆燙綠花椰時水裡加點鹽，白花椰則加少許醋，我通常用大蒜、咖哩、雞湯略炒，或清洗後焗烤；沖洗前，可浸泡鹽水除蟲。

早就聽說花椰菜可抑制癌細胞生長和繁殖，堪稱廣效性抗癌食物。徐明達教授在《廚房裡的秘密》中證實：咀嚼生菜花時，菜花中的酵素會將蘿蔔硫素從配醣體釋放出來，蘿蔔硫素是一種植物自然生產的化學防禦武器，它有抗發炎、抗癌、抗菌及解毒的功能，也有保護皮膚免於紫外線傷害和治療腦出血的作用。不過，高溫烹煮會破壞酵素和蘿蔔硫素。

彰化是臺灣花椰菜的主要產地，尤以埔鹽鄉、福興鄉為盛，品種甚夥，花球表面緊實，白色花梗者較軟爛；花球表面鬆疏，淡綠色花梗者較爽脆。

白花椰菜的保水性比綠花椰菜弱，綠花椰菜口感較脆，而白花椰菜口感偏軟。有趣的是，日本婚禮中新娘拿捧花，新郎則拿花椰菜，它似乎在暗示：婚姻生活要取得平衡，浪漫中顯然也需要務實。

埔鹽鄉素有「蔬菜的故鄉」美譽，產量為全省之冠，除了盛產水稻，也廣植各種蔬菜，有時花椰菜、高麗菜生產過剩，農家就鋪在空地上曬成乾，脫水後保存，如永樂社區以傳統日曬方式製成的菜乾，風味絕佳，一種陽光加持過的香，「永樂菜乾」久而成為值得信賴的品牌，形成獨特的產業文化，用菜乾製成的鼠麴粿也頗受歡迎。

花菜乾是花椰菜年老的軀體，雖然不再青春，卻蘊藏著成熟的秘密，飽嚐過生命的淬鍊，陽光，智慧般的味道。也斯有一首詩歌詠菜乾：「總喜歡青翠的年華／喜歡吹彈得破的肌膚／一個潮濕的生命一個磞緊的生命／來到一個不知怎麼樣的生命／／從前不喜歡阿婆的滿臉縐紋／不喜歡阿婆的黑色衣衫／老是從裡面換出一些甚麼來／那是我們打了摺的過去嗎？／／你說瘀青的身體裡／真的曾有嬌健的身體？阿婆讓我再喝你煮的湯／試嚐裡面可有日子的金黃」。

用埔鹽花菜乾炒大腸甚美，大腸的脂香，和花菜乾的陳香、鹹香，兩者相輔相成，激盪出遼闊的鄉土風情，吃一口，彷彿置身花椰菜園，腳下是結實纍纍的花椰菜和高麗菜，空氣中吹拂著青蔥氣息，和輕淡的施肥氣味。

花菜乾個性隨和，親切，深刻，像一首母親的歌。不管怎麼烹煮都可口，和白米飯、地瓜粥十分適配，煮清湯或排骨湯也非常迷人。四十幾年了，我永遠記得餐桌上的清炒花菜乾，如何填飽一個貧窮的孩子。

# 高麗菜

八——隔年四月

抵達武陵農場「國民賓館」已是黃昏，提行李上樓感覺處處老舊味；進房，立刻被陽臺外的高山景色迷住了。下樓晚餐，蔥油鮮魚，清炒高麗菜，火鍋；菜燒得一般，那盤高麗菜卻清新動人，甜，脆，纖維細。

那時候珊珊尚未上幼稚園，翌日登山，父女在橋上俯視七家灣溪的櫻花鉤吻鮭，冰河期孑遺的陸封性鮭魚。彷彿昨日。

幾次旅宿武陵國民賓館，用餐時一定點食高麗菜，武陵農場所產高麗菜，好像隨便用蝦米清炒即十分甘甜，那滋味像一支遼闊的山歌，帶著雪山的壯麗，和七家灣溪的清澈，餘味無窮。

高麗菜含有抗發炎的麩醯胺酸（Glutamine），這種氨基酸是腸壁、肝及免疫細胞的重要養分。學名「結球甘藍」，別名包括：捲心菜、圓白菜、包心菜、蓮花菜、疙瘩白、蓮花白、花白、茴子白，原產於地中海沿岸、小亞細亞一帶，十六世紀傳入中國，叫「洋白菜」。至於傳入臺灣，有人說荷蘭人引進，有人指日本人引進，並附會有一批高麗人來示範栽種，臺灣人遂呼之為高麗菜云云，說法非常可疑，恐只是穿鑿附會。之所以叫高麗，應是譯音，此菜荷蘭文 kool，英文包心菜沙拉 coleslaw 即從荷蘭文轉過來。

臺灣山區流行種植高冷蔬菜，尤其是高麗菜。每逢假日，連低海拔的陽明山路旁都有人擺攤賣菜，不知那些菜是否真的山裡農家種植？有些遊客還專程驅車上山買菜。

高麗菜性喜涼爽，高海拔山區所產因日照充足，日夜溫差大，氣溫驟降時，會迅速在細胞液中累積糖分，口感較甜；又，外部受霜凍而纖維化，內部仍持續生長，高麗菜遂形成桃狀。高麗菜砍收後，再長出的腋芽喚高麗菜芽，在餐館很受歡迎。

臺灣冬季低溫不足，高麗菜無法順利開花，因此多利用高山栽培，嚴重影響生態環境。高山農業有其歷史根結，最初是榮民的奮鬥故事，福壽山，西寶、清境（見晴）、武陵四大高山農場，隨著開闢中橫成立了。然則臺灣山坡過陡，本不適合務農，淺根蔬果更施用大量化肥農藥，污染水源。

高利潤誘引投機，財團租借了原住民保留地，擴墾、超限利用，每逢暴雨輒造成土石流崩塌。如果美味竟付出環境代價，我寧願一輩子不再吃尖頭甜脆的高麗菜、水蜜桃和甜柿，不再喝高山茶。期待高麗菜下山。

幸虧臺南農改場成功培育出耐熱的「臺南一號」新品種，翠綠，結球緊密，清甜多汁，適宜在平地種植。

臺灣高麗菜特別好吃，一年四季都生產，秋冬春是盛產期，尤以冬天為佳，主要產地在彰化、雲林及南投縣。夏天颱風季，高麗菜產量銳減，乃自印尼、越南進口，較硬，乏甜度和脆度，叫「石頭高麗」。

高麗菜比一般蔬菜耐儲存，似乎隱喻其堅忍性格。我們挑選時大抵從外觀、顏色、重量來判斷。最外層的菜葉呈綠色，不宜裂開或萎黃，還須注意切割的蒂頭面要白皙。它是臺灣餐桌上最普遍的蔬菜，被譽為「菜母」，吃法多樣，或清炒，或漬泡菜，或包水餃。我常在師大路吃「鴻家涼麵」，店家提供免費辣拌高麗菜乾，食客總是大量挾取。賣關東煮的商家通常會有高麗菜捲（ロールキャベツ），用高麗菜包裹著絞肉和魚漿，切段，煮在甜不辣湯中，源自日本。

客家名餚「高麗菜封」，「封」是焢的意思，以焢肉為基底，搭配整顆高麗菜小火燜煮。這道燉菜頗異於傳統客家味道，它既不油膩，又加了甘蔗或枸杞或冰糖去燉，表現客家菜中罕見的甜味。南機場社區一攤「鮮蚵之家」，我有時清晨去吃高麗菜飯，配料除了高麗菜，還有胡蘿蔔絲、油蔥酥、香菇絲，搭配一碗牡蠣湯，天空忽然明亮了起來。

我的大姨廚藝高明，她自製高麗菜乾，炒臘肉很下飯；用來煮排骨湯，滋味絕美。陽光親吻過的蔬果，味道總是比較濃，令童年的記憶信仰般深刻。

我自己搞高麗菜，不用菜刀切，一層層剝下清洗，再撕片炒作，手工比刀工的口感爽脆。有次試作酸辣高麗菜，用辣椒、醋、糖，猛火爆炒，表現高麗菜的爽脆感，並以輕淡的辣味和酸甜度，凸顯高麗菜的個性。另一次作宮保高麗菜，增加花椒修飾。最得意的一次是刻意將高麗菜撕細，拌炒木耳、香菇絲，起鍋後覆以柴魚絲；柴魚的任務非僅調味，端上桌孝敬女兒時，由於底下的高麗菜熱氣上揚，柴魚絲乃舞踊般，使視覺的美感有效預告了味覺。

# 山藥

九—隔年四月

家庭聚餐最鄭重的形式之一是到「尚林鐵板燒」，坐定後開始點餐，要喝什麼湯呢？山藥湯。全家人都愛喝老闆廖壽棧先生研發的山藥湯，那味道莊嚴，才配得上幸福時光。

山藥湯有一種情韻，氣味滿溢，浮動，勾引身體感官和心靈，召喚飢餓感，召喚著渴望。一般煮山藥湯率皆切塊；這碗山藥湯是蒸熟後，磨成泥。那山藥泥泡沫般，又看似結實地浮堆在碗裡。湯水不多，湯底用雞肉和干貝精心提煉出來，裡面有小蘑菇帽、干貝絲，結構動人又十分可口，且心生一種健康感。

山藥自古即是物美價廉的補虛佳品，可當主糧，可作蔬菜、點心，可以烹煮為菜餚，也可以熬粥，或碾粉蒸成糕；常見煮湯、熬粥，做山藥手捲、山藥沙拉、山藥養生湯、山藥泥等等。

日本人似乎偏愛山藥，而且讓山藥象徵著山野。岡本加野子的短篇小說《東海道五十三次》敘述山藥飯時，先從炫目美麗的陽光開始描寫，再帶到正在吃的山藥飯：「剛煮好的燕麥飯散發著熱騰騰的香氣，略帶著神仙土壤般味覺的野生山藥，嚐起來有股沉靜的美味」。谷崎潤一郎也愛吃山藥，他說：「我喜歡黏糊糊的東西」。芥川龍之介剛好相反，他討厭山藥泥。

中國人食用山藥甚早，敦煌莫高窟發掘的史料中載有「神仙粥」，用山藥、粳米慢火熬煮。東京一般家庭煮山藥飯，都用略帶清甜的高湯讓山藥泥入味。歷史上贊美山藥的詩賦很多，諸如陳達叟〈玉延贊〉說它色如玉、香如花：「山有靈藥，緣于仙方，削數沌玉，清白花香」。朱熹斷言它的滋味更勝羊羹和蜂蜜：「欲賦玉延無好語，羞論蜂蜜與羊羹」。

陸游〈菘蘆服山藥芋作羹〉：

老住湖邊一把茅，時沽村酒具山藥。
年來傳得甜羹法，更為吳醋作解嘲。
山廚薪桂軟炊粳，旋洗香蔬手自烹。
從此八珍俱避舍，天蘇陀味屬甜羹。

詩題明白說用白菜、蘿蔔、山藥煮粥，他作此詩時六十六歲，生活貧困，卻安之若素，予人清淡感。這種健康食品的名字始見於《本草衍義》，《本草綱目》記載，別稱很多：淮山、山芋、薯蕷、山藷、署豫、諸署、土薯、薯藥、淮山藥、白薯、長山藥、野山豆、玉延、玉涎、修脆、兒草、延草、玉蕷、白苕、蛇芋、野白薯、野山豆、九黃薑、扇子薯、佛掌薯、白藥子……我們吃的是塊根，狹長又深埋地下，採收時往往需要挖掘出一條狹深的長溝，才不致損傷。

種類甚夥，形狀有圓形、掌狀、紡錘狀、長形及塊狀等，一般以長形山藥的品質較佳，其肉質以潔白、細緻為上品。選購時以外觀完整、鬚根少、拿著有沉甸感者為佳。

不過，山藥皮所含的皂角素，以及黏液中的植物鹼，易引起過敏而發癢，處理時最好戴上手套。山藥買回來若整根完好，只要放置通風陰涼處即可保存甚久；已經切開的山藥沒吃完，要浸泡檸檬水或鹽水，避免氧化變黑。王祥夫《四方五味》敘述北方儲存山藥的方法：在崖頭上打出大約一人半深的洞，一袋袋倒進山藥，「在晉北，一家一戶有時候可能擁有三四個這樣的山藥窖，儲山藥之前，要先把山藥晾晾，去去水氣，然後全家出動把小山藥和爛掉的一一揀去」。

從前山藥、番薯常並稱，胡健任澎湖通判時作〈薯米〉，描述當地無稻粱，居人以薯乾供食：「笑殊香秔供天府，喜並山芋喚地瓜。一自島隅分種後，風流隨處詠桃花。」香秔即「香粳」，帶有香味的粳米，用來上貢朝廷。末句謂混煮紅心番薯和白心山藥，雅稱桃花米。

歷代醫家總是贊美山藥「理虛之要藥」，說它是平補脾胃的食療聖品，說它：甘，平，無毒。咸信能助五臟，強筋骨，健脾益胃，補肺止渴，益精固腎，明目聰耳。主治脾胃虛弱，倦怠無力，久瀉久痢，食慾不振，肺氣虛燥，痰喘咳嗽，腎氣虧耗，下肢痿弱，帶下白濁，遺精早泄，小便頻數，皮膚赤腫。

諸如《神農本草經》：「味甘，溫。主傷中，補虛羸，除寒熱邪氣，補中益氣力，長肌肉。久服耳目聰明，輕耳不飢延年」。孫思邈《備急千金要方》載：「薯蕷：味甘，溫，平，無毒。主傷中，補虛羸，除寒熱邪氣，補中，益氣力，長肌肉，面遊風，風頭眼眩，下氣，止腰痛，補虛勞羸瘦，充五臟，除煩熱，強陰。久服耳目聰明，輕身不饑，延年」。

山藥含有大量的黏液蛋白、維生素和微量元素，可有效防止血管壁的脂肪沉澱，也能防治糖尿病。此外，它能調節腸道的規律性活動，刺激小腸運動，促進腸道排空穢物。

元．龔𪾢〈掘山藥歌〉可以佐證：「綠薜紫藤緗色子，種玉綿延春透髓。晴虹歲晚寒不起，托命長鑱山谷里。小隱牆東塹藥闌，劚土政得方盤盤。服食相傳養生訣，茂陵劉郎和露啜。」蘇軾謫居海南所作〈和陶酬劉柴桑〉呈現另一種境界，那是他初至儋耳，在住屋的四周種植山藥，並藉以抒發感懷：

紅薯與紫芽，遠插牆四周。
且放幽蘭春，莫爭霜菊秋。
窮冬出甕盎，磊落勝農疇。
淇上白玉延，能復過此不？
一飽忘故山，不思馬少遊。

蘇軾自註：「淇上出山藥，一名玉延」，意謂謫居海南自種的山藥，做成玉糝羹，不亞于淇水那著名的玉延。詩中的「紅薯」就是薯蕷，也即山藥。最後一句的馬少游即漢代將軍馬援，嘗言大丈夫立志須「窮當益堅，老當益壯」，不懼「馬革裹屍而還」。

此物自古人緣好，騷人墨客吟詠者不少，諸如王羲之有《山藥帖》傳世；唐·馬戴「呼兒採山藥，放犢飲溪泉」。蘇軾病中獨酌時歌詠：「銅爐燒柏子，石鼎煮山藥」。王安石〈奉使道中寄育王山長老常坦〉中有四句：「蒼煙寥寥池水漫，白玉菡萏吹高秋。夜燃柏子煮山藥，憶此東望無時休。」宋·胡仲弓〈寄頤齋〉：「蛙聲喧夜枕，買靜入林居。好句敲唐響，清談笑晉虛。素馨和月種，山藥帶雲鋤。閒裡多忙事，篝燈課子書。」

山藥的名字和產地，令人興山野之思，宋·梅堯臣〈合流河堤上亭子〉：「隔河桑榆晚，藹藹明遠川。寒漁下灘時，翠鳥飛我前。山藥植瑣細，野性仍所便。令人思濠上，獨詠莊叟篇。」山野種山藥，林下吃山藥，一種雲淡風輕的情境。

我歡喜這種歸隱山林的符碼。么女年幼時我們就常去「尚林」喝山藥湯，吃鐵板燒，她的食量小，很快就吃飽了，吃飽後等待父母，就隨手拿筆記紙、便條紙繪畫，我至今珍藏著那些小紙條。焦妻謝世後我們父女仨不曾再去，忽然有一天想帶她們去，卻發現店家歇業了，世事無常如此。

# 玉米

全年，十月——隔年五月盛產

中午下課後趕赴海洋大學演講，我知道沒有時間坐在餐廳裡吃飯，只能買速食路上吃。外帶車道效率超高，五分鐘之內即完成了點餐、付款、打包：漢堡、薯條、可樂。我單手駕車，在高速公路上以時速一百一十公里單手吃著這些速食，心知肚明所吃的其實都是玉米：那塊漢堡有玉米甜味劑，肉餅和起司是吃玉米的乳牛所轉化，那杯可樂和番茄醬都含有高果糖玉米糖漿，炸薯條的油也來自玉米。連奔馳中這輛車也在吃玉米——燃油中摻入了乙醇。吃太快了，一坨美乃滋掉落襯衫上，美乃滋當然也有高比率的玉米。

絕大部分的美國玉米屬基因改造，玉米商為擴大產量，以基因改造方式培育出產量巨大的超級玉米，美國乃成為世界最大的出口國。約有40％玉米用來製造乙醇。剛成型的玉米芯，約一寸長，即作為蔬菜的玉米筍。玉米脫粒後通常磨成粉狀，間接製成食品、調味料；胚芽可以提煉玉米油。

玉米原產於中美洲，乃印地安人主要的糧食作物，十六世紀傳入中土。相對於歐洲的小麥文明、亞洲的稻米文明，拉丁美洲可謂玉米文明。一萬多年前，拉丁美洲就有野生玉米，印第安人種植玉米也已經三千五百年。

古印第安神譜中，有好幾位玉米神，祂們都象徵幸福和運氣。瑪雅神話敘述造物神用泥土、木頭造人都失敗了，最後用玉米才造出人，故世稱印第安土著為「玉米人」。瑪雅的圓形太陽曆，更以太陽的位置和玉米種植，劃分一年為九個節氣。

瓜地馬拉作家阿斯圖里亞斯（Miguel Angel Asturias, 1899～1974）長篇小說《玉米人》描述瑪雅人的現代遭遇，小說一開始寫土地大規模改種玉米：「玉米種植者砍倒原始森林中的古樹。甦醒的土地上種滿玉米。臭氣薰天的暗綠的河水在土地上四處流淌。玉米種植者燃起熊熊烈火，揮舞著鋒利的斧頭，闖進濃蔭蔽天的原始森林，一下子毀掉二十萬株生長了千年的茁壯的木棉樹。」玉米意象不斷出現在小說中，如描寫夤夜驟雨：「在黑黢黢的深夜裡，死去的印第安人從半空中傾倒下成噸的玉米粒。」又如敘述日常食物：「用黃澄澄的玉米麵烙辣玉米餅，用嬰兒指甲般鮮嫩的玉米粒煮雪白的玉米粥」。

中美洲印第安人以玉米為主食，玉米深入生活各層面，和社會的組織形式。玉米崇拜甚至成為墨西哥的文化現象。發展至今，玉米人已經有不同的意涵。這是全球總產量最高的糧食作物，品種甚多，顏色也多：白、黃、紅、深藍、墨綠……人們一般食用的是高甜度玉米，其它玉米則用作動物飼料，或食品工業、化學工業原料。如今天地間幾乎已無處不玉米，現在我們吃牛肉、豬肉、羊肉、雞肉時都像是在吃玉米。目前美國的原物料玉米大部分拿來餵養牲口，尤其是牛；從前的牛都在草原上低頭吃草。這當然違反了牛隻演化而來的消化系統，飼育場的牛或多或少都帶著病，必須靠抗生素維生。

麥可・波倫（Michael Pollan）指稱這是工業化玉米（industrial corn），說美國人是會走路的加工玉米（processed corn, walking），玉米成功馴化了人類，它不但適應了新的工業化體制，消耗掉龐大的石化燃料能源，並轉變成更龐大的食物能源。

玉米的漢語別稱多到不勝枚舉，諸如：玉蜀黍、番麥、玉高粱、包穀、油甜苞、玉茭子、珍珠米、包粟、苞米……我喜歡吃玉米可能更甚於牛肉，這種食物鏈的基礎食物，或炒或蒸或烤都有滋有味。臺南保安路上「石頭鄉」焖烤珍珠玉米攤，口味多種：醬爆、蒜香、奶油、椰香、鹽爆、素食，最受歡迎的是刷沙茶醬燒烤。作法是先焖再烤，以熱石頭焖熟玉米，再上機器烤架，以挽留水份和甜份。靠近攤車即感受到熱氣，伴隨著洶湧的香氣；那熱騰騰的黑石頭中掩著臺灣產甜玉米，電風扇用力吹；上烤架之前才除掉葉衣和玉米鬚。燒番麥在木炭上烤，明火興旺，吃起來痛快，飽滿彈勁。

一年冬日我去雲貴高原探望助養的學生，在昆明，在昭通，在魯甸，在貴陽，在安順所有偏僻的窮鄉中，我看到許多小孩站在寒冷的天氣中，睜大好奇的雙眼望著走訪農戶的陌生人，鼻下掛著兩行髒污凍結的鼻涕；我看到飽受命運折磨的早衰女人，掙扎著為孩子的前程舉債；我看到勤奮的小女生，照顧癌末的父親……農舍旁總是成捆的乾玉米桔稈，屋簷下都掛著一串串成熟的玉米棒和辣椒，沉甸甸，豔紅與金黃交錯排列，美麗的玉米穗交錯著窮苦的生活，我想起瘂弦的名作〈紅玉米〉：

吹著那串紅玉米
它就掛在屋簷下
掛著
好像整個北方
整個北方的憂鬱
都掛在那兒

這重要的莊稼作物，飽滿著泥土氣息，瘂弦通過它反映現代中國劇變的苦難境況，透露離散的滋味。玉米似乎是文學藝術永恆的題材，如墨西哥詩人帕斯（Octavio Paz）的詩〈石與花之間〉裡的玉米意象：「你有節制，溫馴順從，/像一隻鳥那樣生活，/靠著單耳罐裡的一點玉米炒麵糊」。又吟：「你的上帝由眾多神靈組成，就像玉米穗子。」長詩〈太陽石〉也激情歌詠：「你的玉米色的裙子飄舞，歌唱」。

吾家餐桌也常見玉米，兩個女兒從小吃焦妻煮的玉米濃湯：用超市買的湯包和玉米罐頭，加火腿屑加熱，輕鬆，方便，快速。我雖不喜這種罐頭速成品，卻明白是女兒吃了多年的「媽媽味道」，未便干涉。

現在換我煮玉米濃湯了，「爸爸的味道」肯定要捨棄罐頭玉米粒、速成濃湯包、火腿屑；我會先炒新鮮玉米，加入洋蔥、馬鈴薯拌炒後打成泥，以代替縴粉，再加雞蛋同煮，避免使用火腿、熱狗。其實玉米濃湯的變化多端，可以加入玉米粒煮熟，還可依口味加入南瓜、雞肉丁、胡蘿蔔丁、青豆、蝦仁等等配料，變換口味。啊，希望調整心情也能那麼容易。

# 胡蘿蔔

十一—隔年三月

那天傍晚回家見女兒有訪客，我檢視冰箱，決定就炒米粉招待。胡蘿蔔刨絲，和高麗菜、韭菜、香菇絲一起熗炒爆香，注入雞高湯，那脆硬的生胡蘿蔔絲經過鹽水溫存，很快就軟化，並且捐棄自身的氣味。我將爐火關至最小，令乾燥的米粉狂吸湯汁，接受它們的薰陶。

胡蘿蔔帶著特殊野蒿味，一般人不愛鮮食；既使打成汁，我也習慣加蜂蜜，較鮮甜爽口。此物自古多經過烹調或醃漬泡菜，如《遵生八箋》記載的「胡蘿蔔鮓」、「胡蘿蔔菜」。人們好像多為了營養、健康而吃它。可能是因為窮困，居里夫婦卻經常拿來當主食；如果吃胡蘿蔔能變得像他們夫妻那麼優秀，我情願三餐都吃它。

它的顏色豔麗，普遍使用為菜餚的陪襯，點綴；平日家居我偶爾用胡蘿蔔煮玉米排骨湯，或燉牛腩，或煮熟了和馬鈴薯、雞蛋拌成臺式沙拉，或刨絲炒蛋，或用咖哩熗煮馬鈴薯和肉，滋味和色澤都很不錯。最常做的是炒米粉，令顏色平庸的米粉，有了薄施胭脂的美化效果。

胡蘿蔔又名：紅蘿蔔、黃蘿蔔、番蘿蔔、丁香蘿蔔、金筍、菜人參、小人參、胡蘆菔、紅蘆菔。原產於高加索一帶，阿富汗為最早演化中心，栽培歷史在兩千年以上。「生、熟皆可啖，兼果、蔬之用」，李時珍說，「元時自胡地傳來」，說法應該有誤。聶鳳喬引已故古農學家石聲漢分析，斷言胡蘿蔔乃漢代由絲綢之路傳入：凡植物名稱前冠以「胡」字者如胡荽、胡桃，為漢晉時由西北引入；冠以「海」字的如海棠、海棗等，為南北朝後由海外傳入；

冠以「番」字如番茄、番椒、番薯等，則為南宋至元明時由「番舶」引來；冠以「洋」字如洋蔥、洋芋、洋薑，為清代引入。

又，日本的植物學家說，日本的胡蘿蔔傳自唐代中土。南宋《紹興校定經史證類備急本草》亦提到胡蘿蔔。自漢代傳入中土後，胡蘿蔔已發展成中國生態型；目前主要品種包括：紅森、日本雜交胡蘿蔔、改良新黑田五寸、超級紅芯、漢城六寸、法國阿雅、紅映二號、寶冠、紅芯六號、春紅二號等等。臺灣以將軍、彰化為主要產區，每年十一月至三月收成，過了產季則多為冷藏品。

選購時挑無蟲蛀鼠囓痕跡者，色澤均勻無異色、表皮光潔無斑痕、拿在手上質地有硬實感較佳；若有軟化現象表示不新鮮了。

棍棒與胡蘿蔔，英諺中代表軟硬兼施的兩手策略。胡蘿蔔作為獎賞的象徵，甚至有專書探討「胡蘿蔔管理策略」，發展出胡蘿蔔文化和理論，可見西方人比較肯定胡蘿蔔的食物角色。

胡蘿蔔是蔬、果、藥兼用的佳品，素有「小人參」之稱。所含大量的胡蘿蔔素在肝臟、小腸黏膜內經過酶的作用，50%可迅速轉化成維生素A，能補肝明目，有效調節新陳代謝，增強免疫力，防治呼吸道感染，是治療夜盲症、皮膚病的首選。《隨息居飲食譜》記載：「葫蘆菔，皮肉皆紅，亦名紅蘆菔，然有皮肉皆黃者。辛甘溫。下氣寬腸，氣微燥」。《本草綱目》：「下氣補中，利胸膈腸胃，安五臟，令人健食，有益無損」。《日用本草》也說：「寬中下氣，散胃中邪滯」。

不過所含維生素A為脂溶性，涼拌生吃較不利於吸收，最好用油炒或加肉一起煮。不同烹調方法，有不同的胡蘿蔔素獲得率：燉食93％，炒食80％，生食或涼拌10％。此外，胡蘿蔔素易被酸性物質破壞，因此不要和醋一起炒。

日本科學家發現，胡蘿蔔中的$\beta$胡蘿蔔素能有效預防花粉過敏症、過敏性皮炎。此外，胡蘿蔔素中含的槲皮素、山柰酚能增加冠狀動脈血流量，降低血脂，促進腎上腺素的合成，有降壓強心的作用。另含有一種免疫能力很強的木質素，能提高人體巨噬細胞的能力。

愛吃胡蘿蔔的人顯然不多，張愛玲有一篇文章〈說胡蘿蔔〉，文章極短，「才抬頭，已經完了」，什麼也沒說到，僅記錄幾句她和姑姑的對話，猜想她也不愛吃。

有一年的臺北詩歌節，被安排和日本詩人谷川俊太郎對談，那天晚上談了些什麼已完全忘光，倒是田原翻譯過他的一首詩〈胡蘿蔔的光榮〉記憶深刻：

列寧的夢消失，普希金的秋天留下來

一九九　年的莫斯科……

裹著頭巾、滿臉皺紋、穿戴臃腫的老太婆

在街角擺出一捆捆像紅旗褪了色的胡蘿蔔
那裡也有人們在默默地排隊
簡陋的黑市
無數熏髒的聖像的眼睛凝視著
火箭的方尖塔指向的天空
胡蘿蔔的光榮今後還會在地上留下吧

通過街角的胡蘿蔔攤，透露強烈的歷史喟嘆，此詩乃谷川俊太郎訪莫斯科所作，時為前蘇聯解體，褪了色的紅旗，黑市，熏髒的聖像，火箭的方尖塔……好像只有地上的胡蘿蔔才是真實的存在，令人低迴。

# 茼蒿

十二—隔年二月

在上海吃蓬蒿菜，僅簡單拌一點油醋，風味絕佳；那味道有點像臺灣茼蒿，更帶著一股濃厚的清香，原野遼闊的氣息。令人想贊美生菜，宋．葛長庚詩云：「滿園蒿苣間蔓菁，火急掣鈴呼庖丁，細膾雨葉縷風莖，酢紅薑紫銀鹽明，豆虀廝膏和使成，食如辣玉兼甜冰，毛骨灑灑心泠泠」，從消化器官到心靈，滿溢生菜清香。

令我想到裸食（Raw Food），堪稱目前最時尚的飲食方式，主張吃天然蔬果、果仁、發芽穀物等Living Food，並添加冷壓的健康油脂以利營養運送；烹煮不超過48℃，以保留蔬果中的酵素、維他命，和天然風味。

茼蒿即蓬蒿，又叫菊花菜、蒿菜、同蒿、塘蒿、菊花澇、蒿子杆、艾菜、鵝菜、打某菜等等，冬季採收其嫩葉食用，春天開黃花，因此有人叫它「春菊」。其根、莖、葉、花都可作藥材，醫書說有清血、養心、降壓、潤肺、清痰的功效；但不可和柿子同食。

這種菊科植物帶著特殊蒿氣，一種屬於大自然的青味。歐洲人視它為庭園觀葉植物；亞洲人較實際，取其幼株為蔬菜。蘇軾〈春菜〉前面幾句：「蔓菁宿根已生葉，韭芽戴土拳如蕨；爛蒸香薺白魚肥，碎點青蒿涼餅滑。宿酒初消春睡起，細履幽畦掇芳辣；茵陳甘菊不負渠，鱠縷堆盤纖手抹。北方苦寒今未已，雪底菠稜如鐵甲；豈如吾蜀富冬蔬，霜葉露芽寒更茁」。黃庭堅的和詩也說：「蓴絲色紫菰首白，蔞蒿牙甜蓶頭辣」，那種辣味其實有點輕淡，隱藏在蒿氣中並不明顯。據說茼蒿可以消痰開鬱，難怪我每次都越吃越開心。

賈寶玉屋裡的小丫環春燕通知廚娘柳嫂子：「晴雯姊姊要吃蘆蒿」，柳嫂子問：「肉絲炒或雞絲炒？」春燕道：「葷的因不好才另叫你炒個麵筋的，少擱油才好。」

蒿子桿就是山茼蒿的莖，在這裡，曹雪芹有點內行，蓋蒿子杆不宜葷炒，素來素往最能表現山茼蒿之清香。北人吃的麵筋異於南方的油麵筋，而是水洗的濕麵筋；為求爽口，當然須少油，水麵筋也不要跟蒿子杆同炒，先個別炒，再翻鍋拌勻，以免彼此爭味矣。

澎湖產的茼蒿也是山茼蒿，冬日，正好是狗母魚產季，用狗母魚丸煮山茼蒿，兩者皆新鮮當令，吃進嘴裡，直接就印記在心裡。狗母魚丸湯允為澎湖食徵，那東北季風吹來的符碼，冷冽，強勁，溫暖在記憶裡飄香。

冬春季節，我到土雞城吃飯，必點食清炒山茼蒿，只加些大蒜快炒甚美，味道很特殊，它所含精油揮發出不可思議的芬芳，入嘴即法喜充滿，像一首歡喜讚嘆的山歌。有一首歌〈妹在江邊洗茼蒿〉，前面幾句：「妹在江邊洗茼蒿茼蒿／葉子趁水漂／那天哥喝了江中水／害得我得了相思癆」，充滿了山歌味道。

唐三藏師徒取經途中最讓我動容的盛宴，只是幾盤野菜——八十六回消滅豹子精之後，順便救出同樣被綁的樵夫，這樵夫自幼失父，和八十三歲的老母相依為命，如今死裡逃生，母子二人自然千恩萬謝，不斷地磕頭拜接到家裡，慌忙地安排素齋酬謝：

嫩焯黃花菜，酸虀白鼓丁。浮薔馬齒莧，江薺鴈腸英。燕子不來香且嫩，芽兒拳小脆還青。爛煮馬藍頭，白熝狗腳跡。貓耳朵，野落蓽，灰條熟爛能中喫；剪刀股，牛塘利，倒灌窩螺操帚薺。碎米薺，萵菜薺，幾品青香又滑膩。油炒鳥英花，菱科甚可誇；蒲根菜並茭兒菜，四般近水實清華。著麥娘，嬌且佳；破破納，不穿他；苦麻臺下藩籬架。雀兒綿單，猢猻腳跡；油灼灼煎來只好喫。斜蒿青蒿抱娘蒿，燈娥兒飛上板蕎蕎，羊耳禿，枸杞頭，加上烏藍不用油。

這是窮苦樵家拚盡全力所張羅出來的盛宴了，母子二人的物質條件自然是寒薄的，不可能端出「香蕈、蘑菰、川椒、大料」，美味的是感恩的態度、深情地備辦，為救命恩人奉獻所有，作者大費筆墨描述這幾盤野菜，使山中溢滿了菜香。

躬耕讀書，一直是文人浪漫的生活實踐，可能就是因為菜根香。也許因此，我更愛山茼蒿，細而長的鋸齒狀葉子，形似鳳凰羽毛，有人喚它「鳳凰苗」，乃原住民部落常見的野菜，味道比茼蒿濃烈，帶著山頭氣，純淨的質地。

茼蒿宜涼拌、生炒、煮湯，更是火鍋、羊肉爐、鹹湯圓良伴。不過，茼蒿不耐煮，稍遲撈起即變黑，似乎在提醒我們，要努力愛春華。

我總覺得冬天吃火鍋、羊肉爐才是正道；冬、春的蚵仔煎也比夏天的好吃，除了冬、春的牡蠣較肥美，恐怕也跟茼蒿有關，茼蒿盛產在冬、春，蚵仔煎加入它，顯得氣質脫俗。

茼蒿諧音「同好」，大家一起圍爐，一起在氤氳升騰的水蒸氣中說笑，歡談。

# 大白菜

十一—隔年四月

這次做佛跳牆不慎下手過重，鹹味壓抑了湯味該有的甘醇鮮香。我撈起所有的配料，用一整顆大白菜矯正那鍋湯：鍋內加水，大白菜撕小片入鍋煮熟，再放回原配料。果然有效拯救了一鍋佛跳牆。

世人皆知大白菜怎麼做都好吃，煮湯尤其靚。蘇東坡自述在黃州時好自煮魚，「以鮮鯽魚或鯉治斫冷水下入鹽如常法，以菘菜心芼之」，用大白菜心調配魚湯，再放幾根蔥白，快熟時加入少許生蘿蔔汁、酒，臨熟又放橘皮絲：「其珍食者自知，不盡談也。」

最近密集考察臺北舊城區的風味美食，久別重逢艋舺「美味小館」的砂鍋魚頭，嫌它裡面添加了大量的胡椒粉，幸賴大白菜挽救了味道；又因為加入許多醋，令那白菜呈現酸白菜、醋溜白菜的錯覺。

白菜以北京安肅所產最佳，酸白菜則是東北名產。大約二十年前我拜訪艾青先生，離開他家那四合院，胡同裡出現一卡車大白菜，街坊四鄰皆提了大袋子出門來買。老北京人習慣冬儲大白菜，蓋從前京城冬季的菜蔬極少，大白菜很耐貯存。鄧雲鄉在《雲鄉話食》敘述：京郊秋末冬初「砍白菜」，從根部砍下白菜，打掉外層披散的葉子，好菜全部存在地下菜窖中，一棵棵整齊地根部向外堆起來，暫時不出售，待不能入窖的菜全部賣光，才拿出來上市。

這種結球白菜原產於中國北方，乃小白菜和蕪菁的混種，品種繁多，基本有散葉型、花心型、結球型和半結球型幾類，臺灣所產比北京大白菜細一些。齊邦媛在《巨流河》中描寫了一段比較文學會到韓國開會：「到韓國訪問第一天，車行出漢城郊外，旅館旁有農家，大白菜和蘿蔔堆在牆旁，待做漬菜，令我想起童年在東北家鄉看著長工運白菜入窖，準備過冬。」韓國泡菜的主要原料就是大白菜，乃明朝時由中國傳到李氏朝鮮。

俗諺「魚生火，肉生痰，白菜豆腐保平安」，大白菜質嫩味鮮，又具養生療效，難怪慈禧譽它為「天下第一菜」。中醫說它性甘淡，平和，微寒；能開胃健脾，常吃能增強免疫功能；還能降低膽固醇，增加血管彈性，預防動脈粥樣硬化。白菜含大量粗纖維，有利腸壁蠕動，幫助消化，促進排便，稀釋腸道毒素，亦有減肥健美的意義。此外，白菜的鈣含量高，所含微量元素鉬，可抑制身體吸收、合成、累積亞硝酸胺，有一定的抗癌作用。

古時候喚大白菜「菘」，宋．陸佃《埤雅》云：「菘性淩冬不凋，四時長見，有松之操，故其字會意，而本草以為耐霜雪也」。也有人叫它黃芽菜，《光緒順天府志》載：「黃芽菜為菘之最晚者，莖直心黃，緊束如卷，今土人專稱為白菜。」清初經學家施閏章有一首〈黃芽菜歌〉：「萬錢日費鹵莽兒，五侯鯖美貪饕輩。先生精饌不尋常，瓦盆飽啖黃芽菜。可憐佳種亦難求，安肅擔來燕市賣。滑翻老來持作羹，雪汁雲漿舌底生。江東蓴膾渾閒事，張翰休含歸去情。」極言大白菜之美，我感同身受。

大白菜裡外皆美，美而雅，令許多騷人墨客歌詠描繪，齊白石常以白菜入畫，他的白菜圖總是寥寥幾筆，菜葉間濃墨擁抱著淡墨，青白肥壯，厚實，飽滿著生活味，和清清白白的暗示；曾流傳著用一幅白菜換一車新鮮白菜的佳話。羅青〈水稻之歌〉：「早晨一醒，就察覺滿臉盡是露水／顆顆晶瑩透明，粒粒清涼爽身／／回頭看看住在隔壁的大白菜／肥肥胖胖相偎相依，一家子好夢正甜」，歌頌水稻順便贊美白菜。

故宮珍藏「翠玉白菜」由翠玉所琢碾而成，翠色晶潤淡雅，技藝精湛，菜葉上有兩隻蟲，每一根觸角都清晰可見，是寓意多子多孫的螽斯和蝗蟲。然則種植大白菜的難度低，生產過剩時難免大量滯銷，沈葦有一首詩歌頌大白菜，也為農人抱不平：

大白菜佔領了整個秋天
所謂豐收，意味著更多的白菜爛在地裡
而在瑟瑟抖動的灰色外衣後面
農民的憤怒充滿了節制，他們的嘆息
從來只是自言自語——
一個人在貧寒中成長，遠走他鄉
經過了紅色時代和香水時代
現在又回來了，站在那裡

懷著謝意，向大白菜深深地致敬

此菜常用來和肉同煮，能使濃膩的肉湯帶著清爽的滋味，南宋．范成大詩曰：「桑下春蔬綠滿畦，菘心青嫩芥苔肥。溪頭洗擇店頭賣，日暮裏鹽沽酒歸。」康熙朝詩人查慎行亦贊曰：「柔滑清甘美無對，花豬肥羜真堪唾。」

我愛它翡翠綠之中有潔白，高尚而親切的滋味。那滋味太深刻，味似無味，卻蘊涵著無窮氣韻，淡，嫩，清，甘，柔，脆，豐姿表現一種肥胖美，水靈靈的氣質。

從前我看焦妻減肥很辛苦，遂勸她別再折磨自己了：人類自古崇尚肥胖，豬也是肥胖才美，牛肥才美，馬肥才美，羊肥才美……宇宙萬物胡不以肥胖為美？連白菜都信仰白白胖胖的美學。

# 芋頭

十一—隔年四月

細雨紛紛，她身著粉紅袖衫、白長褲，撐傘走出「舊道口牛肉麵」，忽然步下豎崎路階梯。轉眼進入「小上海茶飯館」。現身「天空之城」的陽臺。復站在「阿柑姨芋圓店」門口買綜合芋圓冰；這場景我記得最清楚，我們端著紙碗往裡走，經過削、炊芋頭和地瓜的阿伯，選了臨窗的位置落座，剛好可以鳥瞰九份，徜徉於山風海景，吃芋圓。

像影片倒帶，那年夏天，焦妻陪我去九份考察小吃，幸虧留下照片供追憶。這山城曾因盛產金礦而發達，礦藏挖掘殆盡後沒落；後來變成觀光景區，大概是因為電影《悲情城市》在這裡取景，也是日本動畫片《千と千尋の神隠し》裡的街道原型。阿柑姨本來賣小雜貨，為了貼補家用才兼賣剉冰，沒料到手工芋圓竟大受歡迎，幾成九份芋圓的代名詞。

臺灣人擅長加工芋頭為各式糕點甜品，諸如芋頭酥、芋頭蛋糕、椰汁芋茸西米露等等。臺菜館也偶見烹炒芋的地上幼莖或葉柄，喚「芋橫」，我若在街頭吃清粥小菜，見有芋橫輒點食一盤。

福州名點冰糖芋泥為了潤滑的口感，烹製時往往添加不少豬油；點水樓「卡比索冰淇淋佐白果芋泥」捨豬油，燙嘴的芋泥上置一球香草冰淇淋，其創意與用心在於，融化的奶油能脂潤芋泥口感，吃起來象徵品嚐冷暖人生。

芋頭料理變化無窮：芋頭米粉湯、芋頭燒肉、排骨蒸芋頭、香蔥芋艿、蜆肉香芋煲、芋頭扣肉、芋頭排骨煲、芋頭燒雞、蝦仁芋頭煲……日本料理達人矢吹申彥斷言秋天的酒好喝，是因為下酒菜變好吃了：里芋（さといも）連皮燙熟，沾點鹽吃，叫「衣被」，關鍵在於挑選理想的「石川小芋」品種。日文漢字「里芋」泛指在鄉村種植的小芋頭，去皮後呈白色，無紫色斑點，口感黏黏的似山藥。他推薦紅燒：里芋削皮後，在冷水中慢慢煮熟；用鹽、淡味醬油調味，再磨點柚子皮撒上。

古人吃芋頭多用煨的，諸如宋．劉克庄「芋頭煨熟當行廚」；宋．范成大「歸歟來共煨芋頭」；宋．釋道璨「爭似山間煨芋頭」、「除却煨芋頭」；宋．釋梵琮「煨火芋頭四五塊」；宋．釋慧空「山芋頭煨紅軟火」；宋．釋紹曇「粉芋頭煨軟火」。臺北大稻埕人謝尊五（1872～1954）曾任教於大稻埕公學校，所作〈煨芋〉一詩寫得較有情味有溫度：

寶剎投嘉客，珍蔬物始然。鶵頭純棗火，龍腦炙松煙。
燒筍香同溢，烹葵味並鮮。才知調鼎鼒，寒夜款情牽。

芋頭向來是臺灣原住民的傳統主糧，清康熙年間廣東人黃學明來臺，作四首〈臺灣吟〉，其中一首前半段：「山深深處又深山，一種名為傀儡番。負險殺人誇任俠，終年煨芋飽兒孫」。清嘉慶年間江蘇人薛約作《臺灣竹枝詞》四十首，其中一首描述芋頭，和黃學明所作相似：「積薪煨芋飽晨昏，人說山中傀儡番。果腹不須分甲乙，淳風偏讓野人敦。」

我們吃的這種地下塊莖，原產於印度，又稱芋、芋艿，大別為水芋和旱芋，種類超過一百種，諸如紅芋、白芋、九頭芋、檳榔芋、荔浦芋……白芋與紅芋不易煮爛，一般是搗爛製成芋粿等熟製品。檳榔芋是芋頭中的上上品，可直接食用。荔浦芋肉質細膩，風味獨特，自古是廣西的首選貢品。果肉有白色、米白色及紫灰色，亦有粉紅色或褐色的紋理。

臺芋以甲仙、大甲、金山聞名，檳榔心芋為臺灣栽培歷史最久且最普遍的品種，母芋呈紡錘型，表皮棕褐色，肉白色，散佈紫紅筋絲，形狀似成熟的檳榔種子，肉質鬆，粉，香氣濃厚。李碩卿（1882～1944）〈花崗山食蕃芋〉所述即檳榔心種芋頭：「蕃婆煨芋販花崗，旦暮溫存供客嘗。自說蕃山風味好，檳榔心種最清香。」

無論水芋、旱芋都需要高溫多濕的環境，水芋固須選擇水田、低窪地或水溝栽培；旱芋也要選擇潮濕地帶種植。臺灣的水土條件很適合芋頭生長，孫爾準（1770～1832）〈臺陽雜詠〉其中一首描述臺灣的名物與農漁作物，提到鼠麴草、芋頭、隨海潮湧至的魚群、鹿、芒果、椰子酒、薑：「拱鼠曾名麴，蹲鴟藉作糧。潮魚驚海熟，火鹿慣番荒。樣擣蓬萊醬，椰傾沆瀣漿。病來煩米卦，三保有遺薑。」芋頭易和東南亞參薯混淆，芋頭屬天南星科，參薯則屬薯蕷科。我看過日本電視臺拍攝巴布亞新幾內亞土著種植薯芋，仍維持著刀耕火種。

剛從泥土裡挖出來的芋頭，有一種木訥的氣質。性格憨厚，易於教化，餵它吃什麼湯，它就帶著那種味道。選購時挑體型勻稱者、避免有爛點、掂著較輕者；切開來肉質細白而呈現粉質，表示質地蓬鬆，此即上品。

芋頭的澱粉顆粒小，易消化。它營養豐富，所含黏液蛋白，能增強人體的免疫功能，常作為防治癌瘤的藥膳主食。然則它不耐低溫，鮮芋頭若放入冰箱易腐爛，放在陰涼處即好。芋頭的黏液中含有皂苷，會刺激皮膚發癢，削皮時宜戴手套；或倒點醋在手中，搓一搓再削皮。

我從前不特別鍾情於芋頭，及年漸長才發現其美好，明白它令生活添增美味，連接著許多美麗的記憶。在馬來西亞，我最理想的早餐是吃芋頭飯，喝肉骨茶；焦妻和女兒多次陪我去吉隆坡評審世界華文文學獎，多次一起大啖芋頭飯，彷彿滋味依舊在。也許因此家人都愛上芋頭加工品，師大夜市芋頭饅頭、芋粿麴，是吾家的常備糧食。甚至它連外表都非常迷人，寬盾形葉片和高大肥厚的葉柄，予人信賴，愉悅，活力感。蘇東坡贊美芋頭：「香似龍涎仍釃白，味如牛乳更全清」。芋頭的鬆，香，糯，綿，細軟，是會誘人頻頻回首的食物。

我常看著那年拍的照片，芋圓，芋粿，海景，黃金山城，郵局前油蔥粿，金枝紅糟肉圓，魚丸伯仔，基山街燒烤攤，阿蘭草仔粿……像怪誕的剪接，珍藏的記憶。

# 芥菜

十一—隔年四月

臺灣客家庄在二期稻作收割後，農地常輪種芥菜。芥菜可以鮮吃，也多加工製作成酸菜、福菜、梅乾菜。酸菜、福菜、梅乾菜是臺灣客家庄醃漬芥菜三部曲，酸菜又叫鹹菜，是福菜、梅乾菜的前世。

芥菜收割後，就地在田間曝曬一兩天至萎軟；再一層芥菜、一層鹽入桶醃漬，壓緊密封，發酵半個月，變成酸菜。

酸菜經過風乾、曝曬，塞入空瓶中或甕內，倒覆其出口，封存三個月至半年就變成福菜；填塞過程須用力填實，越緊越好，並倒棄溢出的水分；如果捅得不夠扎實，菜會發黑腐敗。福菜原來叫做「覆菜」，這是因為存放福菜時，醬缸要倒「覆」著放的意思。

酸菜經過徹底的風乾、曝曬，直到水分全失，密封貯存，即變身為梅乾菜。梅乾菜正確的名稱應是「霉乾菜」，乃是製作完成幾乎已全乾，又發了霉，因為霉不是一個好字，大家遂以梅代霉。坊間又多寫為「梅干菜」。

芥菜又稱長年菜、大芥菜、包心芥菜、雪裡紅、大芥、刈菜。芥菜十月下種，年底可收，應了年節的需求，因此客家人在冬末的餐桌上常見芥菜身影，甚至用做除夕夜的長年菜。邱一帆的客語詩〈阿姆介鹹菜〉描述酸菜和福菜的製作：

該日　就像往擺共樣
適收冬過後介田竇肚
阿姆用心血　種下了一行一行介芥菜
該日　就 lau 往年共款
適日頭曬等介田竇肚
阿姆用汗水　淋出一頭一頭介大菜
昨暗哺　屋家人有機會
圍一圈同心介圓　坐下來
窒出一罐一罐介鹹菜

詩以客語召喚族群情感，以日常食用的芥菜、酸菜重述族群記憶，說話者通過母親辛勤種植芥菜、醃漬酸菜，和家人團圓吃菜，凝聚了親情之美。

醫書說，芥菜所含抗壞血酸，是活性強的還原物質，參與有機體氧化還原過程，增加大腦的含氧量，能醒腦提神，消除疲勞。此外，還能解毒消腫，抗感染、預防疾病，抑制細菌的毒性，促進傷口癒合，可作為輔助治療感染性疾病。由於組織較粗，可明目利膈、寬腸通便，是眼科患者、防治便秘的食療佳品。

苗栗縣是臺灣最大的芥菜產地，其中公館鄉的產量又佔了大半，同時也是最主要的芥菜加工區，可謂「福菜之鄉」。

中國大陸的客家庄也廣種芥菜，也擄以醃鹹菜，房學嘉在「客家飲食文學與文化國際學術研討會」上發表論文，說鹹菜有三種：「鹹菜有『擦鹹菜』、『水鹹菜』、『乾鹹菜』之分。『擦鹹菜』的制法是用芥菜曬至七八成乾，用鹽『擦』（醃）後入甕，將甕口用菜葉封緊。一個星期後將甕倒扣於大瓷盆上，排出甕內的菜酸液。這種鹹菜是農家餐桌上的常見菜。『水鹹菜』是將大芥菜曬至半乾，再加上粗鹽，搓到較為軟和，然後將每根鹹菜結成紮，裝在『龍衣甕』中，用水醃制，密封起來，經年不壞。而乾鹹菜則將先芥菜焯後曬至半乾，繼而團結放鍋中蒸，蒸後再曬，曬後又蒸，經過三、五次的重複而成」。以上擦鹹菜與臺灣酸菜作法一樣，水鹹菜、乾鹹菜則迥異。

客家人長期的動盪遷徙，不安全感恐已形成一種集體潛意識，那是一種在長期不穩定生活中追求安穩的適應策略，為了便於攜帶並儲存過剩的蔬菜，乃廣泛運用日曬、醃漬，製備耐留的食物，久而形成醬缸的陳香美學。

客家庄多開門見山，較劣的生產條件造成較高的勞動力，需要補充脂肪和鹽分，養成了又油又鹹的飲食習慣。相對貧困的農業經濟，又形塑了勤儉持家的客家人，擅以日曬、醃漬方式儲存食物，客家菜餚中廣泛使用的酸菜、福菜、梅乾菜，即是在保鮮困難的年代所發明，期能長期保存這些芥菜。

臺灣雖小，福菜亦有南北差異，北部對福菜的定義較為嚴謹；南部有人用高麗菜取代芥菜製作福菜，亦有人稱鴨舌草為福菜、菔菜，鍾鐵民〈菔菜？好吃！〉敘述：

> 菔菜的這個菔字，客家音唸起來像「降服」的「服」字，也有人稱作福菜；閩南話唸起來則像「學菜」。它雖然被稱為菜，事實上卻是生長在水稻田中的一種雜草，學名稱作「鴨舌草」。尤其六月大冬禾秧苗蒔落土以後，菔菜隨著秧苗，密密麻麻的在水稻行間發芽生長，如果稻田的土地肥沃，往往長的比稻苗還要快還要好，如果不管它任它生長，它會喧賓奪主一時包蔭住秧苗，影響稻子的發育，所以種田的農友們自來就視之為大敵，除之唯恐不快。從前躅田搓草，主要對付的也就是這種菔菜呢。

鴨舌草這種野菜，南部客家人常吃，北部則鮮見。然則鴨舌草畢竟不是我們熟悉的福菜。福菜是自然發酵，不含防腐劑、色素及添加物，呈現一種高尚的「古風」。它在製作過程需要大量曝曬，充滿了陽光的味道。

在密封的罈內，乾燥而緊緊疊壓的菜，在發酵過程中會產生二氧化碳等氣體，倒覆容器並緊封出口，容器內的氣壓大於外面，令外面的雜菌不易進入，以免破壞了未發酵好的菜。從前多以荷葉封口；現在則是罩上塑膠套，再捆上繩索勒緊，容器四周灑上火灰或石灰。從前農村自製福菜，那些瓶瓶罐罐都堆放在眠床底下；現在則製成真空包裝販售。此外，現在製作福菜已半自動化，用機器震動清洗，更能洗淨菜裡的雜物。

通過福菜、梅乾菜、蘿蔔乾等等這些食物的再現形式（representational forms），重複製作，而延續了客家庄的集體記憶。像二〇一一年行政院客委會舉辦的「齊力趣踩福：千人踏鹹菜」活動，來自全臺各地超過一千五百人穿上鞋套，一起站在巨大的塑膠桶中踩芥菜。踩福菜，帶著採福的隱喻。

這是一項大規模的繼承傳統意識，一種象徵儀式，彼此和不認識的人傳遞共有性，共同收集回憶；再通過強力傳播，召喚族群感情，重複鞏固共同體的血緣關係。

不過千人踩福菜更像一場豐收嘉年華，我在電視上看大家興奮地在桶內跳舞、對著鏡頭微笑，其實並非正確的踩菜方式。蓋踩菜的目的是把縫隙擠壓到最小，務令桶內沒有空氣，並排出菜葉裡的水分；踩踏的方式是身體緩慢轉動，緩慢出力地踩踏，令芥菜密實，踏密實了才不會發霉，屆時才能裝到瓶中製作福菜。

這種瓶中菜最初的意義是節儉惜物，後來才發現它的美好。最常和福菜搭配的是豬肉，它有效吸納油脂，釋放甘美，進而提醒了豬肉的味道。福菜之為用大矣，可煮可炒可滷可熗可蒸，搭配各種食材烹製。那天然發酵的氣味，豐富了菜餚的滋味；它的酸味可啟發味蕾，並促進油脂的分解，有效矯正重油重鹹的客家口味。

福菜和梅乾菜都帶著山野氣息。由於曬製過程不免沾惹雜質，烹煮前需多加沖洗，滌淨才下鍋。選購福菜時，以淡黃色澤者品質較佳，可用來滷肉、滷桂竹筍、炒冬粉、炒蕨菜、炒苦瓜、熗豬肚、苦瓜鑲肉、蒸魚、蒸肉、蒸冬瓜扣肉、煮肉片湯、煮雞湯、煮排骨湯……

苗栗有很多美味的客家餐館，「龍華小吃」和南庄「飯盆頭」的梅乾扣肉都中規中矩，梅乾菜的質地佳，完美幫助五花肉達成任務；梅乾菜在這道菜中扮演著要緊的角色，梅乾菜曬得好不好，直接關係到成敗。苑裡「聞香下馬」是一家優質小餐館，其「福菜肉丸」表現創意，又呈現正宗客家風味。

我去學校上課時，中午常就近在「新陶芳」吃福菜肉片湯。平日輒在龍泉市場內一攤販吃福菜炒苦瓜，總覺得它提升了整個清粥小菜攤的地位和品質；福菜輕淡的澀味剛好修飾了苦瓜的苦，兩者又皆能回甘，彼此互為賓主，如潮汐陪伴沙灘，如和風撫摸樹林，如月光擁吻海洋，它們表現了調和之美。

# 紅豆

十二—隔年一月

早春的迪化街冷雨飄落，撐傘走在歐風情調和閩式建築間，屋簷下掛著紅燈籠彷彿透露著清代的光暈，映照在舊農具店的木門上，一種古老的氛圍，懷舊的傳說。

迪化街北段清代稱「北街」，明顯不如南段熱鬧。春寒料峭，「大稻埕259」，門口有保溫磚築起的小磚窯，用來窯燒紅豆湯。那紅豆每日窯煮，在窯中燜燒一整天，顆粒分明，綿，鬆，沙，微甜，飽滿著豆香，風味溫暖，有一種親切感。店內兼營「248農學市集」，致力於改善臺灣農地休耕，推廣小農產品，乃震驚臺灣社會的「白米炸彈客」楊儒門所創立。

我是見識到美味，才意識到一碗紅豆湯裡面的理想和抱負，「一家小小的紅豆湯店，一天煮十公斤的紅豆，一年大約四噸，就可以活化四公頃的休耕地」；楊儒門在接受採訪時說，這店舖意在集結覺醒的小農共同擺攤，他們拒將農藥與化學肥料灑進田裡。

焦妻嗜食紅豆，舉凡紅豆麻糬、紅豆冰、紅豆餅、紅豆麵包、紅豆蛋糕，無一不愛；她經常自己煮紅豆湯，例先洗淨，浸泡紅豆一夜，翌日才煮，沸騰後加紅糖，燜煮至皮破豆散，湯汁渾濁。我常想起她寒夜裡煮紅豆，蒸氣氤氳，瀰漫著甜味的家庭生活。

紅豆的種子暗紅，別名：紅小豆、小豆、朱赤豆、朱小豆，古代叫小菽、赤菽。品種不多，選購時首尚新鮮，即顆粒飽滿具圓潤感者。

自王維作〈相思〉，一千多年來，紅豆的文化底蘊更深厚了，更在華人世界定型為訴說相思，諸如周密「一樹湘桃飛茜雪，紅豆相思漸結」；楊韶父「紅豆一枝秋思」；陳允平「綠楊庭院，共尋紅豆，同結丁香」、「相思葉底尋紅豆」；趙崇嶓「交枝紅豆雨中看，為君滴盡相思血」；黃機「雙燕乍歸，寄與綠箋紅豆」……

賈寶玉也唱「滴不盡相思血淚拋紅豆」，以紅豆象徵熱戀中的苦惱與傷感。聞一多著名的愛情組詩〈紅豆〉一開始就感嘆：「紅豆似的相思啊！／一粒粒的／墜進生命底磁壇裡了」；「相思著了火，／有淚雨灑著，／還燒得好一點；／最難禁的，／是突如其來，／趕不及哭的乾相思。」現代詩人劉大白在獲得一莢雙粒的「雙紅豆」後，激動作〈雙紅豆〉詩：「豆一粒，人一囊，紅豆雙貯錦囊，故人天一方。似心房，當心房，偎著心房密密藏，莫教離恨長。」

王維的詩以紅豆飾品作為情物贈予情人，象徵真摯的愛情；然則詩中的紅豆並非我們吃的蔬食豆，應該也不是孔雀豆或雞母珠，兩種都有毒。真正的相思紅豆粒形大，直徑八～九毫米，形似心臟，質堅而色豔，紅得發亮，其外形及紋路皆為心形，大心套小心，心心相印。傳說是飽嚐相思之苦的人，落淚樹下，難以化解，最終凝結而成。

江陰市顧山鎮有座紅豆村，村裡有紅豆院，院內有棵千年紅豆樹，相傳為梁代昭明太子手植。據管理人員介紹：「此株紅豆樹每三至五年開一次花，結一次果。春夏之交開花，其色潔白。秋末結果，豆莢為茶色，狀若雞心。剝開豆莢，便是一粒心臟形的紅豆，燦若雲霞。」

像我這種貪吃鬼，在乎的毋寧還是美味。紅豆自古被譽為糧食中的「紅珍珠」，不僅提供人們營養，也適宜加工成各種食品和飲料。中醫說它性味甘，酸，平。能健脾利水，消腫解毒，和血排膿，調經通乳，除濕退黃。《本草綱目》載：「其性下行，通乎小腸，能入陰分，治有形之病，故行津液，利小便，消脹除腫，止吐而治下痢腸澼」；並提醒我們：「久服則降令太過，津液滲泄，所以令肌瘦身重」。《食性本草》也說：「久食瘦人」。因此，津血枯燥消瘦的人，吃紅豆不要貪多。

臺灣紅豆栽植多集中於高屏地區，主要品種有高雄一、二、三、五、六、七、九、十號。「大稻埕 259」選用的紅豆就是高雄九號，友善種植。紅豆之為用大矣，紅豆湯僅是其中之一。紅豆之為用大矣，希伯來書記載雅各用一碗紅豆湯，換取了長子權。

吾人對紅豆湯的口腹之欲，亦可能轉化為相思之意，葉石濤小說〈唐菖蒲與小麥粉〉敘述二等兵辜安順，偶然送了花束給君子老師，君子遂邀他晚上熄燈後到她宿舍喝紅豆湯，「那夜他們倆纏綿到天明」。

從前我對紅豆不甚了了，焦妻離去後忽然歡喜吃紅豆，彷彿它是一種療鬱偏方。

# 香菇

全年，二—四月、七—九月盛產

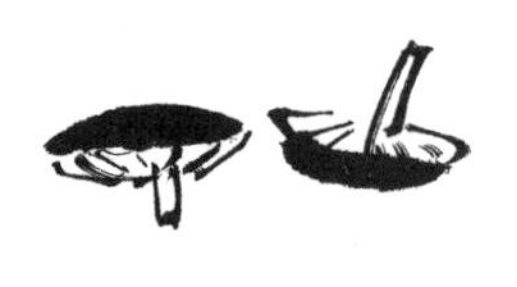

好冷。不老部落海拔大約四百米，可能是下著雨，更顯料峭。大家在集會所圍著炭火烤肉，喝小米酒。又送來一盤香菇，鮮香菇現採現食，撕小片細嚼，芳香驚人；或烤著吃，組織緊實，香氣強勁，餘韻悠遠，忘也忘不了的濃郁。彷彿忽然間領悟什麼。

不老部落的作物全採自然農法，每日只接待三十位客人，若山裡的農作物供應不足，也會暫停預約。不老，bulau bulau，泰雅語「閒逛」的意思，漢語發音不老不老；名字真美。

作物也美。部落裡的香菇採段木野育，選用杜英木。段木法培育香菇是日本人發明，殖民臺灣時引進，一九〇九年率先在埔里種植成功。作法是在段木上打一小洞，植入種菌，擱森林裡，令段木保持適當的溫度、濕度、光照，待它自然長滿菌絲，育出香菇。山上濕冷，非常適合種植香菇；段木野育的香菇成長慢，一般得十個月才能收成。

初次去部落，Wilan 就介紹族人自己搭建的茅屋，說屋頂前高後低，是根據長年的風向，後方吹襲的季風會順著屋頂往上吹，反而增加房屋的穩定度。古老的生活智慧。

這裡處處透露著友善大自然，敬重大地的意志：雞鴨全部放養，滿山亂跑，覓食；晚上才回到自己的宿舍，吃當天僅有的一頓飼料。訪客也都用竹筷、竹湯匙吃蔬果、地瓜、小米粽、苧麻糕，刺蔥、馬告佐烤豬肋排和竹雞；用竹杯飲酒。我愛極了長時間熬煮的竹筍湯，舀進碗裡加入生香菇。野育香菇太美味了，猴子、松鼠、蜥蜴和其它野生動物也愛吃，每年有三分之一產量進了牠們的肚子；部落視為向大自然繳稅。

不僅香菇，這裡也有我最喜歡的小米酒，Wilan說，他們每年挑選最優質的小米做種，因而能育出美好的小米。雖則蟲、鳥兒會來吃，也都視為自然規律；不老部落只是大環境的一份子，無權剝奪其它生物的權利。這是一個完整的生態體系。

中國最早的香菇種植為「砍花法」，在撲倒的樹幹上砍出許多「花口」，任它接受天然胞子，或在花口上刷上磨碎的香菇汁，經兩三年後才能長出些許香菇。元代有「驚菌」栽培法，打擊菇木以刺激出菇，此乃藉打擊促進酵素作用。浙江的龍泉市、景寧縣、慶元縣交界處可能是世界最早栽培香菇的地方，其技術即砍花栽培法。最早栽培香菇的文獻是南宋·何澹編的《龍泉縣志》：「用斧斑駁木皮上，候淹濕，經二年始間出，至第三年，蕈乃遍出。每經立春後，地氣發洩，雷雨震動，則交出木上，始採取以竹篾穿掛，焙乾。至秋冬之交，再用偏木敲擊，其蕈間出，名曰驚蕈」。

日本人善培香菇，育法多樣，諸如胎木汁法，胞子法，崁木法，埋木法，種駒法。他們將種菌法引入臺灣，利用木屑菌接種香菇，段木栽培即以木屑菌種為接種源。此法受樹木、地區、季節的限制，發育速度很慢；太空包取代傳統的段木栽培，擴大了生產面積、速度和產量。那是一九七〇年發展出來的，從前太空包以相思木屑為主成分，如今相思樹生長趕不及砍伐的速度，無良廠商遂摻入家具業不用的三合板、木片，和造紙廠廢棄的樹皮纖維，粉碎當木屑，裡面的化學物質會傷害菌絲，也傷害人體。中國大陸使用的太空包多以棉籽殼、玉米芯、麥桿為原料，農藥殘留量堪虞。

臺產香菇以新社、埔里為大宗，這種食用真菌素有「真菌皇后」美譽，別稱包括：冬菇、香蕈、香菰、香信、北菇、厚菇、薄菇、花菇、平庄菇，日本叫「椎茸」。鮮菇和乾菇的用途不同，氣味相異；乾香菇被陽光愛撫過，泡水發製後，氣韻更加動人。花菇和香菇的烹飪條件、效果也不同。

朱國珍在《離奇料理》中敘述懷孕時獲贈一大包肥美的椎茸，想起吃過同事的滷香菇，難忘美味，遂加水加醬油和冰糖，全部放進去滷一滷；一小時之後，那些美麗的花菇，每一朵都漲得像泰國芭樂那麼大。她生性節儉，又勇於承擔，心想又不是醃了砒霜，決定獨自吃完一大鍋味道怪異的「黑色泰國芭樂」；從早餐、午餐，吃到晚餐、宵夜，吃到產生強烈的孕吐感，連看一眼都會害喜；最後把剩下的六個保鮮盒花菇全部帶回娘家。事隔多日，朱爸爸突然說：「孩子啊！我知道妳不會做菜，但是每一次無論妳做了什麼菜，我都很開心的分享。只是這一次，這個滷香菇，真的很難吃下去，妳到底是怎麼做出來的呢？」

滷香菇經驗直接驚嚇了胎兒，她兒子天生罹患「恐菇症」，成長過程不敢吃任何菇蕈。

花菇是一種冬菇，天氣越冷品質越好，傘蓋褐色，呈白色爆花菇紋，肉厚而細緻，是香菇在生產過程藉控制溫度、濕度、光照和通風，改變它的發育。花菇的紋路美麗，熬湯甚佳，堪稱極品冬菇；不過，國珍獲贈的花菇可能不是來自日本，而是中國大陸。大陸香菇常以香菇絲形態走私進口，廣泛使用在食品加工，常見於辦桌、團膳、小吃店。尤其花菇，幾乎都來自中國大陸。

我習慣買的香菇是「不老部落」所產，和「齊民市集」所售，兩者皆泰雅族部落以段木培育，長時期呼吸山林氣息。由於宜蘭多雨少日照，香菇採收後多用柴火烘烤，他們的香菇總是透露著優雅的氣味，和炭燒味。

段木野育和太空包，存在著慢/快的矛盾衝突，太空包育成的香菇長得速度太快了，殊乏風味。我們越專注在香菇上，越覺得它沒有香菇味，經不起咀嚼。一味求快，生產快，進食快，常常吃什麼就缺乏什麼味道，吃西瓜沒有西瓜味，吃肉沒有肉味，蘸醬油沒有醬香味，豬油炒菜沒有豬油香……為了快，我們好像只是在吃那些東西的概念和符號。

# 南瓜

十二——隔年七月

在苗栗調查客家餐飲，經過南庄老街「南瓜故事館」，外面擺飾有許多南瓜，門口豎著彩繪招牌：「歡迎入內免費變裝拍照」。坐下來喝一杯咖啡，吃南瓜蛋糕、蛋捲，聽主人棄科技、種南瓜的故事。店內空間不大，卻擺滿了各種南瓜，和巫婆的掃帚、鬼面具、南瓜燈，打造成萬聖節（Halloween）的氛圍。有些南瓜鐫刻有字：有妳真好，吉祥如意，一帆風順……乃是主人刻在小南瓜的表皮上，待它長大結痂成形。有你真好，有南瓜真好。

瓜果這種好東西似乎是《西遊記》裡的普世價值，地獄亦然。唐太宗遊地府，打算重返陽世後，以瓜果酬謝，十殿閻王喜道：「我處頗有東瓜，西瓜，只少南瓜」。後來新鰥的劉全赴命進瓜，閻王大喜，遂令劉全夫婦還魂。原來地府盛產東瓜（冬瓜）、西瓜，通過特殊管道進口的南瓜，自然珍貴欣喜，叫死人變成活人。於是這南瓜被轉喻為善果，劉全因忠得福，還續配了唐太宗的妹妹李玉英，不但得回借屍還魂的老婆，更賺到豐厚的妝奩，唐太宗又賜與他永免差徭的御旨。

南瓜是善果，童話世界中，南瓜變成灰姑娘的馬車，成就了一樁良緣。南瓜別稱麥瓜、倭瓜、金冬瓜、飯瓜，閩南語、客語都叫金瓜，潮汕地區俗稱「番瓜」，常德一帶也稱「北瓜」。果實形狀有圓、扁圓、長圓、紡錘形或不規則葫蘆狀，前端多凹陷，表皮或光滑或粗糙，成熟後有白霜。美洲的呈圓筒形，巨碩，有黃、白、紫、綠等色；印度的呈乳白，長圓形，瓜皮柔滑；我們習見的中國南瓜扁圓形，皮外有稜，成熟時從綠色轉變為橙黃。

其品種甚多，形狀、顏色、個頭差異極大，小的僅幾十克，大的重達數十公斤；英國人曾經種出六六〇公斤重的大南瓜，這個創紀錄的南瓜，長最快的時候一天就能增重十四公斤。後來，美國更有人種出七六六公斤的南瓜。二〇一四年，瑞士農產品展覽會上出現九五三．五公斤的超級南瓜。

澎湖褒歌：「人種金瓜像飯斗，咱種金瓜像茶甌。人嫁翁婿即緣投，咱嫁翁婿齙牙猴。」南瓜無論種群、地理分布、開發利用，都極具多樣性；僅中國品種就包括蜜本南瓜、黃狼南瓜、大磨盤南瓜、小磨盤南瓜、牛腿南瓜、蛇南瓜等等。它性喜陰涼濕潤氣候，適應性強，容易栽培，原產於美洲大陸，地域分佈廣，目前世界各地普遍栽培。徐明達教授斷言：中國古籍所載的南瓜可能是南瓜的近親 squash，並非我們現時吃的南瓜。

余光中〈南瓜記〉形容大南瓜「是昨晚的落日變成」，敲響果皮則聽見「晚霞的笑聲」；有一段描寫它的形貌，贊頌它隨遇而安，和頑強的生命力：

而慈愛的土地啊那麼久了
不計較我們的蹂躪與污染
仍然這麼一胎又一胎
不吝惜她的無盡關懷

眼前這一胎奇異的南瓜
就一直蜷在她懷裡長大
且伸出那許多貪嘴的爬藤
一天天，向她吮吸著乳汁
膨脹成大地一般的形象
——厚殼也像她一般渾圓
蛙綠的底色灑滿了黃斑
沙土的條紋交匯於瓜蒂
像東經，西經，輻湊在兩極
大地的寵子，每一隻都烙上
母親遺傳的美麗胎記

我曾經在家做過南瓜燉飯和南瓜炒米粉，讓全家的女人都強烈感受到寵愛。南瓜的果、花、葉皆可吃，胡弦《菜書》敘述：「困難年月時，人的胃就像個大坑。南瓜，從身體到思想，從現實主義的肉到浪漫主義的花，都隨時做好了填坑的準備」；說它是「既能出將入相又能布衣釵裙的菜」。南瓜亦菜亦飯，它的澱粉含量遠高於一般蔬菜，小說家二月河作南瓜歌，贊它在三年困難時期救人無數：「是窮人瓜，是眾人瓜，是功勳瓜」。

每年十月三十一日，英語世界的人們會挖空南瓜雕繪成燈籠，叫「傑克的南瓜燈」（Jack-O-Lantern），用以紀念先人，祛邪避鬼。萬聖節最初是凱爾特（Celts）人歡慶豐收的節日，秋天來了，北方陰灰的冬天即將來臨，他們相信這一天鬼魂都出來遊盪，家家戶戶都雕瓜果成骷髏頭，用以嚇走髒東西。這場全球最盛大的化妝舞會，原始意義是象徵豐收。

美國詩人賴利（James Whitcomb Riley, 1853～1916）名作〈霜降南瓜〉（**When the Frost is on the Pumpkin**），詩中陳述農莊風情，秋風送爽，雖然蜂鳥停止了歌唱，枝頭也缺少了花朵；然則散步的火雞咯咯叫，籬上的珠雞在鳴啼，帶著歡快舒暢的節奏，和質樸的興味：

The husky, rusty russet of the tossels of the corn,
And the raspin' of the tangled leaves as golden as the morn;
The stubble in the furries—kindo' lonesome-like, but still
A-preachin' sermuns to us of the barns they growed to fill;
The straw stack in the medder, and the reaper in the shed;

The hosses in theyr stalls below—the clover overhead!—
O, it sets my hart a-clickin' like the tickin' of a clock,
When the frost is on the punkin and the fodder's in the shock.

黃褐色玉米的總鬚嘎嘎搖，
風吹著纏結總葉的金色早晨；
地上殘梗條寂寥，仍讓
穀倉滿得像冗長的佈道；
乾草亂堆，割草機在棚內；
馬群在廄欄下仰頭嚼苜蓿——
噢，我的心像鐘滴答跳，
當霜降南瓜，禾草成垜。

最近我努力吃南瓜。自從驗出血糖過高後，每次回去門診都挨罵：你的血糖為什麼一直降不下來？是我上次講得不夠嚴重？還是你根本不在乎！不是叫你帶家人陪著門診嗎？為什麼又是自己來！

我死了老婆已經很可憐了，他還要來罵我。讀資料知道：南瓜很吊詭，明明是甜的，卻能降低血糖。因胰島素必須藉鉻、鎳兩種微量元素才可正常發揮作用，南瓜正好含有豐富的鉻和鎳；它又富含植物纖維，能延緩小腸吸收糖份。而且，更嚴重的是我覺得快要老年痴呆了；南瓜的食療作用極佳，是很好的β-胡蘿蔔素來源，能促進大腦機能正常運作。

南瓜的生命力旺盛，在貧瘠的環境中也能瘋長，到處尋找出路，伸展枝葉，創造發展的空間，努力向外探觸。像我這樣的糟老頭一餐比一餐肥，像快速膨脹的南瓜，藏身寬闊的葉下，笨拙，覺得什麼遭遇都無所謂，什麼環境都可以。

# 果之圖

# 香蕉

全年

在麥士威路熟食中心（Maxwell Road Food Centre），先吃了一客「天天」的海南雞飯；再到「林記油炸芎蕉」買了一根炸香蕉，外皮香酥，果肉軟嫩，一口咬下去竟會溢漿。這是我的新加坡初體驗。

我不太敢邊走邊吃炸香蕉，那形狀，拿在手上，似乎有點猥褻。《完全壯陽食譜》初由時報出版時，選用林嘉翔的插畫，〈北海蛟龍〉一詩配的是一幅香蕉花，紅色的花朵像極了充血的陽具；詩集的最後一首〈一柱擎天〉，內容就是炸香蕉。香蕉一直都是陽具的象徵，它的花序彷彿美國畫家喬治亞·歐姬芙（Georgia O'Keeffe）筆下旖旎如女陰的巨幅花卉。

除了鮮食，香蕉很適合做成甜品。少年時代，冰果店最豪奢的產品大概是香蕉船（banana split），這種特大號聖代裝在特製的船型容器內，把香蕉對半縱切，上面各放一球香草、巧克力、草莓冰淇淋、鮮奶油，淋上巧克力醬、果醬，撒些堅果，並綴以櫻桃。

人類早就食用香蕉，起初卻是吃它的地下莖。香蕉有一千多個品種，包括數十種野生蕉，有的野生種像小指頭，果肉甚少，裡面滿是堅硬的種籽。杜潘芳格的客語詩〈山地香蕉〉：「野生香蕉酸又青，／瘠瘠吊在香蕉樹，／唔恐沒人會愛你，／耶穌撈偃會愛你。」現在最常吃的是華蕉（cavendish），一八二六年英國人從中國南方帶回去種植的。

可觀的利潤，不免懷著政治性的原罪，臺灣蕉業大亨吳振瑞當年即被「剝蕉案」污名化。美國更是，香蕉企業一直支持南美的獨裁政權，瓜地馬拉就一度被戲稱為香蕉共和國。香蕉驅使美國入侵拉丁美洲，如一九一二年侵略宏都拉斯，讓聯合水果公司在宏國種香蕉、建鐵路；光是一九一八這一年，美軍平定了巴拿馬、哥倫比亞、瓜地馬拉多起香蕉工人罷工案。法雅伯爵（Vay de Vaya）慨嘆，香蕉是一種征服掠奪的武器（a weapon of conquest）。

一九二九年哥倫比亞爆發香蕉大屠殺。馬奎斯《百年孤寂》的情節高潮在蕉園發動罷工時：三千多人湧入車站前廣場，有工人、婦女、小孩，推擠著到周圍街道上，軍隊舉起一排排機槍封鎖；十四具機槍同時發射，火星迸散，密密麻麻的人群好像猛然意識到自己的脆弱，整個驚呆了。地震般的聲音，火山般的氣息，三千個參加罷工的香蕉工人喪命，屍體一個一個被丟進大海。

香蕉別稱甘蕉、芎蕉、芽蕉，品種甚多，諸如：大米七香蕉、香芽蕉、北蕉、寶島蕉、仙人蕉、呂宋蕉、紅皮蕉、粉蕉、蘋果蕉……臺灣和東南亞產的香蕉味道較濃郁。在美國，香蕉被定義為平價、營養又方便的國民水果。

臺灣可謂水果的故鄉，尤其是香蕉，四季結果，又以秋冬產量最高，個頭大，滋味甜，非常適宜開發各種香蕉吃法。臺灣詩人何崇岳有一首詠香蕉的詩：「分緣窗紗透，參差月上初。濃痕開翠扇，淡色晚清渠。心卷千愁結，旗翻一葉舒。美人來夜半，環珮響徐徐。」

詩中並未描寫香蕉滋味，僅以蕉葉起興。

蕉葉似乎容易引起愁緒，鄭板橋藉芭蕉葉描寫相思：「芭蕉葉葉為多情，一葉纔舒一葉生」；也令李清照傷感：「窗前誰種芭蕉樹。陰滿中庭。陰滿中庭。葉葉心心、舒卷有餘情」。香蕉樹其實不是樹，它是世上最大的草本植物，我們吃的果實是一個巨大的漿果。引發鄭板橋和李清照憂愁的蕉葉是它地上的假莖，乃葉鞘以螺旋狀捲成。

完全成熟時，蕉皮易裂，不利於搬運及貯藏，一般多在七八分熟時即採收。臺灣一年四季皆產香蕉，以冬花春果最美味。市面上的香蕉都非在欉黃，皆經過後熟處理，我每次買都盡量挑稜線柔和者；顏色深黃的先吃，黃中帶綠的再存放，表皮出現黑斑須趕緊吃；若遇瘀傷過熟，不妨拿來做蛋糕。它很誠實，過期了就在表皮顯露越來越大的黑斑，好像自動告知；不過剛出現黑斑，正是香蕉風味最靚的時機，像青春年華，得努力珍惜。美好的事物都很快，很快就消逝了。

七千多年前人類就開始種植香蕉，迄今仍是最重要的作物，是世界上產量最多的水果。水果產業是因香蕉而出現：運輸香蕉的船隊是首先裝設冷藏設備的船隻，率先利用氣調貯藏法和化合物以延緩水果腐爛，也是香蕉公司。

丹恩·凱波（Dan Koeppel）在《香蕉：改變世界的水果》（*Banana: The Fate of the Fruit That Changed the World*）一書中指出，最古老的希伯來文和希臘文聖經中，從

來不認為禁果就是蘋果，夏娃在伊甸園偷吃的水果可能是香蕉，而不是蘋果。香蕉是真正的智慧之果；遮住亞當、夏娃身體重要部位的是香蕉葉，不會是那麼小片的無花果葉。

相傳釋迦牟尼佛是吃了香蕉而獲得智慧，因此人們稱香蕉為「智慧之果」。據說常吃香蕉能提升腦力，我肯定是從小吃得太少，才會有點智障。

香蕉太普遍了，普遍到我們忽視它的存在和價值。它真是美麗，好吃，健康，又能獲得智慧。中醫認為香蕉猶有清熱潤肺、止渴除煩、通脈降壓的功能；主治熱性便秘，痔瘡出血，高血壓等。唐人司空曙詩詠：「傾筐呈綠葉，重疊色何鮮。詎是秋風裡，猶如曉露前。仙方當見重，消疾本應便。全勝甘蔗贈，空投謝氏篇。」香蕉富含膳食纖維、果膠，能有效通便，充分潤滑腸道。

至於除煩，我後來才知道。從小聽臺灣俗諺：「失戀食芎蕉皮」，總以為是玩笑話。現在醫學證實，香蕉皮真的可以治療失戀。香蕉皮富含色胺酸（Tryptophan），能轉換成血清素（Serotonin），有助於緩和情緒。

人們常說：「An apple a day keeps doctors away.」似乎更可以說：「A banana a day keeps psychiatrists away.」據我觀察，偶爾吃一點甜食，比較不會悲情。我籌辦「飲食文學與文化國際學術研討會」，並設計了一場主題筵宴「文學宴」，為了讓國人更有智慧拼經濟，不要常常被選舉搞得太悲情，我安排香蕉作尾聲。這道餐後甜點是清洗香蕉皮至非常潔淨，附蜂蜜，讓學者蘸著吃皮；不出所料，大家都只吃果肉，留下果皮。若依然有心理障礙，還有一種吃法可以參考：整根香蕉洗淨，連皮帶肉用果汁機攪拌，加蜂蜜、牛奶，製成香蕉牛奶喝。

這幾年爆發了很多食安問題，毒澱粉，毒醬油，地溝油……連我自己都覺得沮喪，也許我們應該開發一些美味的香蕉皮食譜。

# 草莓

一—三月

工作室附近有一家日式和菓子舖，產品種類不多，我總覺得都太甜。秀麗嗜甜食，偶爾去買麻糬吃，邊吃邊評論，很有甜點達人的架勢。冬春之際，我常買「草莓大福」回家孝敬她。杵搗的糯米外皮，包覆著紅豆餡和一大顆新鮮草莓。草莓的果酸，適度修飾紅豆餡的甜膩；草莓清新的香味，大幅提升甜餅的氣韻。她最後的日子，我幾乎天天買，也許潛意識裡害怕她吃不到了；遂期盼她常吃大福，能帶來巨大的福份。我眼見她胃口日漸退化，連平常嗜吃的草莓大福也無法再吞嚥。

我好像先認識草莓果醬，後來才吃過草莓。少年時吃草莓果醬夾土司，允為美味；後來有機會鮮吃，覺得香氣襲人卻不甚美，酸度太明顯。再後來，逐漸吃到質地柔嫩，酸甜平衡，香氣濃郁的好草莓，有一種鄰家有女初長成的驚豔。

苗栗大湖是臺灣草莓的家鄉，產量最多，種植技術最成熟。這種溫帶漿果其實不那麼適合亞熱帶，因此需重肥重藥；又貼近泥土，成長過程不免遭污染，一定要清洗潔淨。清洗時，先輕輕洗淨再去掉蒂頭，以避免附著在表皮上的雜質從蒂頭滲進。

這種裸子漿果，種籽裸露在果肉之外。多數水果由子房發育而成，草莓的果實則是花托所發育，我們吃的部分其實是假果。購買時挑選果蒂新鮮、果色紅豔、果體結實者。

除了鮮吃，可製成各種加工品如草莓果醬、草莓酒、草莓冰、草莓冰淇淋、草莓優格、草莓蛋糕等等。我喝過大湖酒莊釀造的草莓酒「湖莓戀」、「典藏情莓」，兩款酒皆以愛情命名，琥珀色酒液相當誘人，酒精度不同，都莓香強勁，冰鎮後風味甚佳。我央請天香樓楊光宗主廚據以研發菜餚，他設計出「湖莓戀雙鮮」：將草莓打成泥，與湖莓戀、蜂蜜、草莓優格攪拌均勻，作為醬汁。鮮貝煮熟，煙燻；鱔背酥炸。以什錦生菜打底，和鮮貝、鱔背、新鮮草莓擺盤，淋上醬汁。我想像用它來煮洋梨，風味肯定也非常迷人。

無論外形或滋味，草莓自古被聯想愛情，羅馬人認為是春藥，是愛神維納斯的象徵。更有著出淤泥而不染的象徵，莎士比亞《亨利五世》：「草莓長在蕁痲底下，四周越是劣等植物，草莓長得越茂盛」。莎翁另一齣名劇，奧塞羅送給愛妻黛絲狄蒙娜（Desdemona）的訂情物，就是繡著草莓的手帕，他要她妥善保存，隨身攜帶；她也常拿出手帕親吻。然而，後來出問題的也是那方草莓手帕，讓歹人有機可趁，挑起可怕的嫉妒心。

草莓多略呈心形，豔紅，肉純白，多汁，太像飽受愛情折磨的心了。波提且利（Botticelli Sandro）的名畫〈春天〉（La Primavera），畫面是優美寧靜的森林，維納斯和三女神、沐浴在陽光中嬉戲，蒙住雙眼飛翔的小愛神丘比特正準備射出金箭；季節女神芙蘿拉（Flora）身著綴有草莓圖案的華服，身後跟著春神和風神；地上長了許多草莓，一切都迎接著春天降臨。這幅蛋彩畫色彩明麗，線條輕靈，描繪春天和愛情的寓言。

這種漿果似乎牽掛著許多藝術家的感情，披頭四（Beatles）合唱團名歌〈永恆的草莓園〉訴說約翰·藍儂（John Lennon,1940～1980）永恆的鄉愁：

> Let me take you down, 'cause I'm going to Strawberry Fields.
> Nothing is real, and nothing to get hung about.
> Strawberry Fields forever.
> 讓我帶你去，因為我正要前往草莓園。
> 沒什麼是真實的，也沒什麼值得牽掛。
> 永恆的草莓園。

草莓園是藍儂姑媽家附近的一棟房子，是他童年玩耍的地方，象徵生命中鍾愛的角落。我跟藍儂一樣自幼羞怯，敏感，缺乏自信，孤獨的心靈中有著獨特的幻想世界；可惜我缺乏他的才華。

草莓含天門冬氨酸（Aspartic acid），有助消脂排毒瘦身，歐美人稱之為「苗條果」。它富含維生素C、鉀、磷、銅、鈣、鎂，其果膠和纖維素，能促進胃腸蠕動。它是臺灣較常見的莓類水果，其它像藍莓、覆盆子、蔓越莓則仰賴進口。從前住陽明山，農舍外面野生著桑葚、蛇莓、懸鉤子，我有時採來吃，覺得親自採摘水果的滋味更美好。黑倪（Seamus Heaney）在〈採黑草莓〉（Blackberry-Picking）一詩中追憶童年採集草莓的經驗，贊美嚐到黑草莓的鮮甜，如飲醇酒，那色澤「飽含著夏天的血液」，令人渴望去採摘，於是他和同伴拿著奶罐、青豆盆、果醬瓶走入荊棘叢中，「潮濕的草刷亮了我們的靴子」，黑亮的大草莓，「像火熱的眼睛」：

You ate that first one and its flesh was sweet
Like thickened wine: summer's blood was in it
Leaving stains upon the tongue and lust for
Picking. Then red ones inked up and that hunger
Sent us out with milk-cans, pea-tins, jam-pots
Where briars scratched and wet grass bleached our boots.

歲月如水果，每一種水果都有自己的產期，和獨特的色調、氣息、滋味。波蘭詩人伊瓦什凱維奇（Jaros ĺ aw Iwaszkiewicz 1894～1980）喻草莓為妙齡十八的青年，戴著桃色眼鏡觀看世界，一切如花似錦，韶華燦爛。真的，我記得昨天還是一個大學生，怎麼忽然已是花甲老翁了呢。

草莓果然像愛情一般脆弱，不耐貯存、運送，可它那麼動人，外觀碧玉嫣紅，風姿嫵媚；它如此脆弱，經不起猜疑的折磨。

# 柑橘

一—四月

大學時期賃居在陽明山偏僻的農舍，閉門讀書；偶然外出散步，發現一橘園，結實纍纍的草山橘掉落一地，無人聞問，我撿了吃，頗有風味。跟秀麗交往後，有次帶她探幽，來到橘園，見一對年輕人正在採橘子，一時想在女朋友面前耍酷，虛張聲勢地喊：「喂，我是園主，不可以偷摘橘子喔。」年輕夫妻相視，笑著對我說：「這橘園是我們家的，反正我們也沒時間上山來摘，你想吃就儘管摘去吃吧。」

很多人有摘橘子的經驗，俞平伯描寫童年橘黃時打橘子：「我們拿著細竹竿去打橘子，仰著頭在綠蔭裡希里霍六一陣，撲禿撲禿的已有兩三個下來了。紅的，黃的，紅黃的，青的，一半青一半黃的，大的，小的，微圓的，甚扁的，帶葉兒的，帶把兒的，什麼不帶的，一跌就破的，跌而不破的，全都有，全都有，好的時候分來吃，不好的時候搶來吃，再不然奪來吃」。他打的是「黃岩蜜橘」，皮相當結實，雖言蜜橘，酸度頗高。

俞平伯追憶孩提時還吃「塘棲蜜橘」：「小到和孩子的拳頭彷彿，恰好握在小手裡，皮極薄，色明黃，形微扁，有的偶帶小蒂和一兩瓣的綠葉，瓢嫩筋細，水分極多，到嘴有一種柔和清新的味兒」。這段敘述有點像我們今天吃的茂谷柑；茂谷柑由寬皮柑、甜橙雜交選育而成，果皮薄，亮麗，油胞小；果基和果頂扁平，掂著堅實飽滿；吃起來柔軟多汁，渣少，甜味較高。

好吃的橘子應該就像張岱在《陶庵夢憶．樊江陳氏橘》所述：「橘皮寬而綻，色黃而深，瓤堅而脆，筋解而脫，味甜而鮮」。陳氏的橘子好吃，品種之外，是把握到採摘的時機，等橘子成熟到最佳狀態才摘，「青不擷，酸不擷，不樹上紅不擷，不霜不擷，不連蒂剪不擷」。天下水果不多崇尚在欉黃、在欉紅？違逆了大自然的時序和節奏，豈有美味。

柑、橘、橙外形相彷，常混為一談。橘可謂基本種，花小，果皮好剝，種籽多呈深綠色；柑是桔與甜橙等其它柑桔的雜種，花大，果實較不易剝皮，種籽為淡綠色。它們是同科同屬而不同種；簡而言之，柑橘是總稱。

早期臺灣土產橘子味酸，觀賞價值多於味賞。沈光文〈番柑〉：「種出蠻方味作酸，熟來黃玉影欒欒。假如移向中原去，壓雪庭前亦可看。」又，〈番橘〉一詩亦是描寫橘成熟的形貌：「枝頭儼若掛繁星，此地何堪比洞庭。除是土番尋得到，滿筐攜出小金鈴。」好像把柑橘當花卉觀賞。

移植過來的柑橘很快適應了美麗之島，後來的西螺柑、九頭柑逐漸贏得贊賞。清乾隆九年，李闓權任臺灣知縣，其詩〈柑子〉寫得不如何，卻可見歡喜之情：「色變金衣偏燦爛，香浮朱實倍晶熒。纔披露葉兒童喜，試嚼瓊漿齒頰馨」。

范咸在乾隆年間（1745～1747）任巡臺御史兼理學政，治臺期間嚐到九頭柑，非常驚豔：

傳來海上得分甘，玉乳瓊漿舊未諳。
千樹何當誇異種，九頭今始識真柑。
曾經黃帕分攜重，不厭筠籠取次貪。
正值上元嘉節後，洞庭休再憶江南。

范咸說臺灣產九頭柑，可能傳自廣東或浙江，瓤九瓣，應是名稱由來。胡承珙有兩首〈西螺柑〉，評價不高：「橙黃橘綠一天愁，賴有嘗新慰滯留。欲寄書題三百顆，故人多在海西頭。」另一首：「露葉煙枝傍水涯，洞庭春色漫相誇。素羅雙帕無由致，不及金盤進御瓜。」他似乎對臺灣的柑、西瓜都不甚了了。

西螺柑是一種椪柑，原產於印度，清初從廣東、福建移植來臺。椪柑因外形膨脹像充了氣，故名。西螺柑是清代臺灣特產中，少數得到中土宦遊人士稱贊的果品。

到了黃清泰，西螺柑的風味已相當迷人，他也有兩首〈詠西螺柑〉，第一首喻西螺柑金黃澄亮如寶石閃耀，又喻為君子般溫潤如玉，其美學觀、價值觀顯然承襲自屈原以降的傳統：

人煙寒處點秋光，火齊星星艷夕陽。
材足抗衡唯佛手，妙能分潤到詩腸。
饒金便覺無酸態，懷玉端宜作冷香。
莫羨洞庭千萬樹，西螺洲畔摘輕霜。

輕霜，柑橘的代稱，秋天採西螺柑，順手摘下結在上面的輕霜；黃清泰對西螺柑的評價不輸江蘇太湖的「洞庭柑」。他另一首詠西螺柑，直接描述西螺柑風味及血源：「踰淮化枳笑區區，試問江南有此無？書字從甘名不愧，醫人消竭病全蘇。梨雖清品難為偶，蔗亦長材惜太粗。今日孫枝傳遍處，丰裁不減味微殊。」

此外，呂敦禮〈西螺柑〉盛贊西螺柑遠勝溫州、臺州所產：「經冬萬樹實盈枝，品比溫臺遠勝之。藏待來年春二月，攜同斗酒聽黃鸝。」施鈺（1789～1850）歌詠西螺柑的風味絕佳，果形美麗，並有藥功：

皮黃宛似鵝兒染，色豔尤如蠟樣含。
小摘羅疏陳棐几，珍藏端重貯筠籃。
劈開雪瓣週身潔，捧上瑤盤信手探。

咀嚼耐人良可愛，朵頤供我又焉貪。
津流齒頰脾先沁，甜入衷腸意正酣。
絕勝樝梨形澹澀，儼然橘柚蘊清湛。
非同化枳淮而北，不羨離枝嶺以南。
品擅藥囊功匪淺，馨偕蘭室善奚慚。

現在臺灣柑橘品種已多，主要包括：椪柑、桶柑、海梨仔、茂谷柑、溫州柑等等。溫州甌柑歷代是朝廷貢品，素有「端午甌柑似羚羊」之譽。有時橘越淮不一定變成枳，我在臺灣吃甌柑，與在溫州所嚐一個樣，一樣質優味美，每嚐它總想到甌江風情，想到我的朋友曹眾童年時，提著兩簍甌柑搭長途火車上京，很有上朝進貢的況味。

柑橘的外形美麗未必就質優，選購時勿以貌取橘，粗放的桶柑雖則長相平庸，卻風味甚美。要之：皮薄，色深豔，結實有沉甸感，果蒂細，臍部的凹陷處平廣；如張岱所描述，大抵不差。

洞庭橘自古聞名，當然跟屈原有關。我曾赴洞庭湖畔屈子祠參拜屈原，牆上還有他早年的作品〈橘頌〉，這是中國的第一首詠物詩，以橘樹為喻，表達自己堅貞的意志和理想：

后皇嘉樹橘徠服兮
受命不遷生南國兮
深固難徙更壹志兮
綠葉素榮紛其可喜兮
曾枝剡棘圓果摶兮
青黃雜糅文章爛兮
精色內白類可任兮
紛緼宜修姱而不醜兮
嗟爾幼志有以異兮
獨立不遷豈不可喜兮
深固難徙廓其無求兮
蘇世獨立橫而不流兮

後代詩人都能想像這位千古詞賦老祖宗漫步橘林，難掩抑鬱，喻橘為君子、為知己、為好友，又比作師長。〈橘頌〉問世，幾乎就定位了後世對橘的文學想像。如「受命不遷」的忠誠，「願歲並謝」的堅定，「獨立不遷」的風範，和伯夷叔齊的隱逸之情……卻偏偏沒講橘子的滋味。

古來騷人墨客詠橘者甚夥，柑橘意象在唐代尤其大規模生產，《全唐詩》中的「橘」詩就有二百八十五首，多繼承了屈子賦予的高風亮潔之情操，和歲寒然後知松柏之後凋的抱負和期許。張九齡被貶荊州後，作〈感遇〉，即是明顯的例子：「江南有丹橘，經冬猶綠林。豈伊地氣暖，自有歲寒心。可以薦嘉客，奈何阻重深」。

比較觸探到滋味的還是要美食家出場，如蘇軾〈食甘〉中描寫：「露葉霜枝剪寒碧，金盤玉指破芳辛。清泉蔌蔌先流齒，香霧霏霏欲噀人」。

中國是柑橘的重要原產地之一，已栽培四千多年，宋．韓彥直《橘錄》是世界上第一部栽培橘子的專書。柑橘總在深秋成熟，李白「人煙寒橘柚，秋色老梧桐」，敘說秋冬美麗的風景，和略顯蕭瑟的人情。

華人賦予橘樹高雅的形象，其芳香令周圍的空氣為之震動。唐．錢起〈江行〉：「輕雲未護霜，樹杪橘初黃。信是知名物，微風過水香」。柑橘之於華人，除了美味，另有深刻的文化性格和意涵。

橘和吉諧音，柑與甘同音，其氣味、滋味和色澤，同時討好了吾人的嗅覺、味覺、視覺，乃至於聽覺。曬乾橘皮炮製中藥，即是陳皮，能健胃整腸，去油膩；更是烹調良伴，滷味、甜湯的最佳配角。甚至烘烤橘子皮的氣味，是海明威重燃枯竭文思的辦法。

無論多麼甜的柑橘，多少會帶著些酸味，它的檸檬酸、蘋果酸，令果糖有了較豐富的層次感。那酸，很啟人深思。

東漢末年，六歲的小陸績去九江見袁術，辭別行禮時，三顆金黃的橘子從懷中掉出，術謂曰：「陸郎作賓客而懷橘乎？」

小陸績跪了下來，說：「欲歸遺母。」

什麼美味令陸績小小年紀要帶回家孝敬母親？後來這三顆橘子就成了文學上思念母親的象徵。

# 蓮霧

南部十二月—五月，嘉義以北七—九月

舊工作室對面是師範大學，校門內兩株蓮霧，七八月間見它結實纍纍，果粒小，果色甚淡，顯然是臺灣早期的蓮霧，稍帶澀味，甜度低，並無人採摘，落果被來往行人踩來踩去，黏著木板、步道，空氣中糾纏著發酵味。

蓮霧長得像鈴鐺，別名包括：菩提果、輦霧、染霧、南無、璉霧、香果、蠟蘋果、爪哇蒲桃、洋蒲桃，星馬一帶喚水蓊、天桃。王凱泰（1823～1875）任福建巡撫時來臺視事，在蓮霧的名稱上作詩：「南無知否是菩提，一例稱名佛在西。不染雲霞偏染霧，慈航欲渡世人迷」。並註：「菩提果，其色白，其實中空，狀如蠟丸，與南無相似，俗名染霧」。王凱泰所嚐自然是白蓮霧。

這種熱帶水果原產於馬來半島及安曼群島，荷蘭人在十七世紀引進臺灣，目前已發展出許多品種，諸如大果種、馬六甲種、翡翠蓮霧、凸臍蓮霧、子彈蓮霧、紫鑽蓮霧、甘蔗蓮霧、香水蓮霧、斗笠蓮霧……等等。農業試驗所更在各產地，試種改良大果型蓮霧品系，「黑鑽石」、「黑金剛」蓮霧皆改良自「黑珍珠」，分別是高雄六龜和屏東林邊、南州果農的傑作，以蔬果、套袋技術培育所得，果實碩大。

黑珍珠是自南洋引進的改良品種，果形圓錐，甜度、水份都高，甜中帶著清爽感。無過多的海綿體組織，果肉組織密實。

蓮霧原本生產於五至七月，果色和口感都欠佳。目前臺灣所栽培以印尼大果種最具市場潛力；農試所改善其缺點，調節產期為一至四月的冬春果，果形碩大，果色深紅亮麗，糖度穩定，清脆多汁，甜中帶酸，不易裂果，耐運送貯存。其習性喜歡溼熱，臺灣的主要產地在屏東縣沿海鄉鎮，挑選時宜用閩南語口訣「黑透紅、肚臍開、皮幼幼、粒頭飽」，意思是果皮暗紅泛黑，臍底開闊，有光澤無斑點，果粒沉甸。

文人習慣擬人化蓮霧，喻為美人，熱帶美人，如「素裏紅裝肌如玉」，「姿容俏麗惹人愛」，「粉面佳人生南國」……相傳康熙皇帝遊臺灣時，曾經以此「香果」題詩：「但有繁鬚開爛漫，曾無輕片見摧殘。海天春色誰拘管，封奏東皇蠟一丸」。詩作得不好，確實像出自皇帝手筆。

不一定蓮霧都素裏紅裝，王凱泰嚐過的白蓮霧以新市聞名，此乃蓮霧家族中的白色種和青色種，白蓮霧的經濟價值較低；早期純白色種甜度低而帶澀味，新市農家遂混合青綠色種，培育出獨特的白蓮霧風味。

任何農產品的魅力皆來自於友善環境，叫它緩慢汲取土地精華，待它自熟莫催它，看它發育得豐滿誘人，色澤明亮。蓮霧買回來，冷藏貯放前不要清洗，要吃的時候才洗，蓋它的果皮甚薄，非常脆弱，像亟待小心經營的感情，莫碰撞，莫磨擦。

木柵舊家對面是明道國小，假日常陪么女來玩耍，溜滑梯，梯邊也有一株高大的蓮霧，和師大校門口那兩株相似。樹梢總是有許多白頭翁跳來跳去，偶爾啄食蓮霧，可能不甜，棄落滿地。好蓮霧不致於過甜，雋永中足堪咀嚼，梁秉鈞詠蓮霧：「平淡麼可又還在咀嚼/日常的滋味心有甘甜/清爽裡連著纏綿」。這名字太好聽了，真像山野乍逢霧嵐，像枝頭遇到一陣清風。

那時候雙雙兩三歲，每天都要溜滑梯，我擔心她的腳磨傷，總是為她穿上厚襪，站到旁邊保護她。我太歡喜聽她滑下來高亢的笑聲了，伴奏著枝頭雀躍的白頭翁。好像是昨天的事，我分明還聽見她雀躍地喊：「我還要玩！我還要玩！」猛回頭，她已經亭亭玉立了。

# 青梅

三—五月

濱江市場規模相當大，各類蔬果肉品齊全，海產更多樣，我每次在家宴客總是來採購。有一天買齊了菜，本來還要買蓮霧，焦妻見青梅上市，遂買了一箱回家，她準備釀梅醋，說釀過的梅子也好吃。

翠綠的梅果誘舌生津，她忽然起心動念要買來加工。為了釀梅，她特別去買了廣口玻璃缸，以一種土法煉鋼的精神，先洗淨梅子，用電風扇吹乾；一層梅子一層糖，再加入大量的醋，密封，她宣布半年後就可以開缸飲用。

以糖、鹽、醋醃漬梅子都很好吃，諸如酸梅、話梅、紫蘇梅、奶梅、脆梅、茶梅、烏梅、咖啡梅、紹興梅等等。先秦已出現醃梅，《呂氏春秋》錄有鹽梅烹魚，《尚書》亦記載鹽梅合羹，《三國演義》曹操與劉備「青梅煮酒論英雄」。最早的文獻見於《詩經・摽有梅》，描述周代每年一次的舞會，男女在舞會中擇偶，自由訂婚或結婚：「摽有梅，頃筐塈之。求我庶士，迨其謂之。」梅與媒同音，梅落乃有花開結實的隱喻，故興起男女宜及時嫁娶之義。

這種亞熱帶特產果樹，原產於中國南方，已栽培了三千多年。《齊民要術》記載的梅子加工：「梅，杏類也。樹及葉皆如杏而黑耳，實赤於杏而醋，亦可生噉也；煮而曝乾為蘇，置羹臛中；又可含以香口，類蜜藏而食」，可見當時已常製成零嘴。又如《東京夢華錄》中所述梅汁、梅子、香藥脆梅等，皆是梅子飲品和蜜餞。到了宋代，更以梅花入饌，

《山家清供》所載包括：梅花湯餅、蜜漬梅花、湯綻梅、梅粥、不寒虀、素醒酒冰。

梅有兩百多品種，依果實色澤大別為青梅、紅梅、白梅，諸如歐陽修「葉間梅子青如豆」，劉秉忠「梅子黃時雨」，王安石「雨如梅子欲黃時」，王之道「梅子更紅肥」，吳文英「半紅梅子荐鹽新」……吾人吃的青梅並非一般觀賞梅花所結；果梅是薔薇科杏屬梅，又稱梅子、酸梅。

雖則《尚書》、《禮經》早就提到的梅，指的都是果實而不是花，唐人才題詠競作。對梅用情最深的人可能是宋代的范成大，《范村梅譜》贊嘆：「梅，天下尤物」，記載所居范村之梅，凡十二種，他所描述當然是梅樹，後序又說：「梅，以韻勝，以格高，故以橫斜疎瘦與老枝怪奇者為貴。」

梅子富含人體所需的多種氨基酸、維生素，和大量的檸檬酸，能促進血液循環、消除疲勞、抗老化；若與鈣質結合，還能強化骨骼，促進鐵的吸收，是優質的保健食品，被譽為「涼果之王」、「天然綠色保健食品」，日本人盛贊「鹼性食物之王」，可平衡人體酸鹼值。

華人一向愛梅，古來騷人墨客賞梅、詠梅、品梅的作品不少。李白〈長干行〉：「郎騎竹馬來，繞床弄青梅」。用青梅那酸甜的滋味隱喻愛情，那是一種非常深刻的酸，令三國時曹軍「望梅止渴」，令楊萬里吟詠的「梅子留酸軟齒牙」。

實在太酸了，不適合鮮食，吾人多品嚐加工後的梅製產品，依照梅子成熟度不同，進行不同的加工處理。小妹盈君憂慮我長期暴食暴飲，常送我梅精，青梅產品已深入我的生活。我尤其歡喜「中華農桑文化工作室」煉製的梅精丸、梅醋，每次出國都帶著梅精丸，旅途中隨時含一粒，覺得很有安全感。

臺灣的農村酒莊善釀梅酒，車埕酒莊融入地方的鐵道文化，酒品命名都和鐵道有關，如「鐵道公主」、「車埕老站長」、「烈車長」、「鐵軌」，四款酒我都喝過。「鐵道公主」選用水里所產的梅子釀造，色澤金黃，酒莊的宣傳手冊上如此敘述：在七〇年代集集支線的通勤列車上，有位最明亮可愛的少女，她是所有少男們心儀的對象，也是當時所有火車族的共同回憶，更是許多人存封多年的暗戀。這個甜美的女孩，我們都叫她「鐵道公主」，品嚐之間彷彿時光回到往昔，又見到那健康美麗的身影緩緩走來。

好深情的青梅故事啊。《清稗類鈔》載錢枚之妻善作糖梅，味極甘脆，某年夏天，睹糖梅悼亡妻，作〈望梅〉一詞，後半段：

青錢細篋，白蜜生醃，紅瓷封貯。
追思十年前事，悵綠么絃斷，翠篏香灶。
又江南節物登盤，問舊時滋味，何嘗如許？

春夢銷沈，訪嫩綠池塘何處？
膹微酸一點，常在心頭留住。

焦妻生病時釀了一大缸梅醋，透過玻璃缸，那青梅和裡面的醋日漸轉成褐色。她離開後我想吃，可說來詭異，那缸梅醋竟無端消失。我問過母親、女兒，均搖頭不知，彷彿是一個謎，在迷茫的歲月中那麼真實存在過，我在記憶中努力想像那消失的青梅，酸得像寂寞中年。

# 芒果

土芒果產期為四—六月、愛文與金煌芒果為六—七月、凱特芒果為八—九月早晨匆匆忙忙出門前先從冰箱取出一顆愛文芒果吃了，像激情的吻，氣息迴盪在口腔，幾乎能鼓舞一整天的精神意志。芒果出產前我總是渴望著，盛產時每天都熱烈大啖，待產期結束又悵惘落寞。每天下午都巴望著早點回家，切一盤冰鎮芒果慢慢享受。戀愛像芒果，想要看見時巴不得立刻就看見。

芒果樹高大，很容易看見，南部有些路段植芒果為行道樹，樹高可達二十～三十公尺。福建漳浦人陳夢林在康熙、雍正年間三度來臺，初來一七一六年，為纂修《諸羅縣志》，詩〈檨圃〉作於纂修期間：「小圃茅齋曲徑通，參天老樹鬱青蔥」。張湄在乾隆年間來任巡臺御史，亦有詩為證：

參天高樹午風清，嘉實纍纍當暑成。
好事久傳番爾雅，南方草木未知名。

無論品種，芒果都是舶來品，性喜高溫、乾燥，適合生長在排水良好富含腐植質的砂土，原產於北印度、馬來半島，mango 之音來自印度原住民 Dravidian 語 maangai，不少印度菜餚和點心以芒果為材料。芒果別名不少：杧果、檬果、漭果、悶果、蜜望、香蓋、庵羅果、庵摩羅迦果，《大唐西域記》載「庵波羅果，見珍於世」。人類栽種它已四千多年，歷經雜交和培育，不斷產生新品種，風味、果形愈趨多樣。

據云芒果是在明代嘉靖年間由荷蘭人引進臺灣，起初栽種於臺南。此間的品種甚夥，一九五四年農復會引種考察團到美國佛羅里達州，帶回四十多種芒果品種，經過七年的試種、馴化，選出最適合臺灣的愛文，和海頓、吉祿、肯特、凱特推廣；此外，懷特、四季檨、金興、玉林、紅龍、文心、黑香、聖心等等也都是名種。懷特的果實修長，尾端微勾，形似香蕉，果肉也偏白，又稱「香蕉檨」。黑香帶著濃郁的桂圓味，氣息魅人。一九六六年，高雄六龜農民黃金煌以凱特、懷特兩品種雜交，培育出象牙型芒果「金煌」，黃皮，澄黃中略帶微紅，個頭碩大。

愛文芒果俗稱「蘋果檨」，外形十分美麗，皮膚如蘋果般紅潤鮮豔，紅裡透黃，紅與黃揉合愉悅，彷彿經過上帝的調色盤。愛文的香氣濃郁，纖維少，甜度高，果汁飽滿，果肉柔嫩細緻，常用來製作冰品、菜餚，乃目前栽培面積最廣、最受歡迎的品種。

臺南玉井人鄭罕池先生最早試種愛文芒果，歷三年有成，大家傳承了他的技術，逐漸擴大了種植面積，直接奠定玉井為愛文芒果的故鄉。臺南市玉井區全臺最大芒果產區，昔稱「噍吧哖」，原是西拉雅平埔族噍吧哖社所在地，一九一五年，余清芳等臺灣漢人武裝抗日事件的所在地。

我偏愛土芒果，愛它獨立獨行，酸度比愛文、金煌清楚，雖然沒什麼果肉，香味卻特別濃郁。土芒果俗稱「土檨仔」，歪卵形，個頭小，綠皮微黃，富含纖維質，吃完了不免塞牙縫。當年郁永河所歌詠的就是土芒果：「不是哀梨不是樝，酸香滋味似甜瓜。枇杷不見黃金果，番檨何勞向客誇」。

從前流行一種吃法：輕敲整顆熟透的土芒果，令果肉變成果汁，尾端咬開一小洞，就嘴吸吮，狀似吸奶。如果奶味如此甜美，我情願一輩子不要斷奶。

土芒果的產期短，彷彿才剛相聚，又要道別。然則知道再過三季還會重逢，長期的相思似乎差堪安慰了。

檨仔俗稱「番蒜」，切片醃食，名「蓬萊醬」。嘉慶年間，謝金鑾（1757～1820）來臺任儒學教諭，他顯然不愛當官，卻很愛吃檨仔：「投老風情甘潤滑，少年趣味太辛酸。兒家一碗蓬萊醬，待與神仙下箸餐」。另一首更詠嘆：「吮蜜含漿到口和」。王凱泰（1823～1875）在擔任福建巡撫期間渡臺，才五個月，就治理得「海波不興，庶務畢舉」，他在〈臺灣雜詠〉一詩中歌頌芒果：「高樹濃陰盛暑天，出林檨子最新鮮。島人豔說蓬萊醬，誰是蓬萊籍里仙？」

未成熟的土芒果俗稱「檨仔青」，又酸又澀，須醃漬才吃，從前叫蓬萊醬，現在喚「情人果」。起初是為疏果故，打下發育不良的果實，集中營養給較壯碩的幼果。作法：檨仔青洗淨，削皮，泡過鹽水約半小時，滌去鹽分，加糖醃漬一天即可。醃漬過程會出水，絕不可丟棄；和檨仔青一起冰凍，成品似冰沙，微酸，略甜，清香，滋味果然如戀愛。

最早見識情人果是在海霸王餐廳，這間發跡於高雄的海鮮餐廳以情人果為餐後甜品，甚受歡迎，仿效者眾。道聽塗說，芒果有毒，不能多吃。然則李時珍《本草綱目》盛贊為果中極品：「種出西域，亦柰類也。葉似茶葉，實似北梨，五六月熟，多食亦無害」。

美好的事物都要認真疼惜。芒果身軀脆弱，不堪運送過程的碰撞；一般在八、九分熟時即採收，若買回來時果體尚未軟化，先別急著放冰箱，室溫下靜置幾天，令果肉的澱粉轉化為果糖，香氣與風味都更顯飽滿。

芒果含有芒果黃素，剛吃過土芒果，牙齒不免染黃，吃多了汗水甚至呈黃色。美味才要緊，稍礙觀瞻何妨。

口舌接觸時，那氣息，瀰漫著淡淡的溫馨、平和氛圍；又覺得胸中有一股力量蓬勃升起，在它面前，我甘心做一個僕人。如果世間有一見鍾情、終生不渝的情意，那麼我對芒果庶幾近之。我每天都想要它。夏天的味覺，夏日的感官，因它而存在，甦醒。

可惜它無法常相左右，隨著季節遞嬗就離去了。像一段夏日戀情，深刻，傾慕，思念，甜得有點憂傷。

# 玉荷包

五月

「玉荷包」荔枝成熟期約在五月中旬至六月中旬，形模如心型荷包而得名。果殼呈紅黃綠相間，屬臺灣荔枝的中熟高焦核品種，比「黑葉」荔枝早半個月左右。採收期由南往北，甜蜜的接力賽般，從恆春、滿州一路北上。其果棘尖而深；內核較小，呈長橢圓形；果肉如玉，肥厚、晶瑩且細緻，呈半透明凝脂狀；皮薄，汁飽滿，甜度高，甜中透露輕淡的酸。我尤其喜愛它的微香，尾韻悠長；是臺灣的精緻農產品之一，荔枝中的貴族。

早年玉荷包荔枝較為嬌嫩，只愛開花，不愛結果；幼果期落果嚴重，產量不穩定。第一個成功量產玉荷包的果農是大樹的王金帶先生，人稱「玉荷包之父」，他研發的技術分享給其他農友，如今已在各地開枝散葉。

荔枝為亞熱帶的常綠果樹，原產於中國南方，臺灣從廣東、福建引進栽培，自新竹寶山至恆春皆有荔枝園，品種不少，諸如早熟的「三月紅」、「楠西早生」，中熟的「黑葉」、「沙坑」，晚熟的「桂味」、「糯米糍」，以及最近農試所培育成功的「旺荔」、「古荔」等等，尤以黑葉為大宗，約佔80%。玉荷包質好價優，日顯取代黑葉荔枝之勢。主要產區在高雄大樹，堪稱玉荷包之鄉。現在大樹山區結實纍纍的玉荷包，從前只種植甘蔗和地瓜。

崇禎年間進士王忠孝（1593～1666）老年時應鄭成功之邀來臺，有一次獲贈荔枝，非常驚豔：

海外何從得異果，於今不見已更年。
色香疑自雲中落，苞葉宛然舊國遷。
好友寄緘嫌少許，老人開篋喜奇緣。
餘甘分噉驚新候，遙憶上林紅杏天。

世間大概鮮有不嗜荔枝的人，當年王忠孝尚無福氣品嚐玉荷包，普通品種已令他如此感動；在動蕩不安的時代，海外得嚐家鄉水果，可能又多了孤臣孽子的心情。

夏天宛如一場荔枝的嘉年華，驅車在高雄山區，常可見自產自銷的農戶信誓旦旦地張貼廣告：「不甜砍頭」。

玉荷包即中國大陸「妃子笑」。另一相近品種是廣東「掛綠」，更是荔枝中的珍品，早在十二世紀即有栽培，產地以增城為主；果殼六分紅四分綠，紅殼上環繞著一圈綠痕，那綠痕流傳著何仙姑的故事。朱彝尊有詩贊曰：「南州荔枝無處無，增城掛綠貴如珠，兼金欲購不易得，五月尚未登盤盂」；西園掛綠母樹已活了四百多歲，連續幾年的掛綠拍賣轟傳海內外，二〇〇四年曾以五十五點五萬人民幣拍賣一粒掛綠荔枝。

荔枝之迷人，如白居易所盛贊：「嚼疑天上味，嗅異世間香」。古來騷人墨客競相吟詠，形成了濃厚的文化氛圍，渲染著許多趣聞和傳說。

唐代以降，荔枝是永遠跟楊玉環相連了，最出名的大概是杜牧〈過華清宮〉：「長安回望繡城堆，山頂千門次第開。一騎紅塵妃子笑，無人知是荔枝來」。南宋．謝枋在《選唐詩》也說：「明皇天寶間，涪州貢荔枝，到長安色香不變，貴妃乃喜。州縣以郵傳疾走稱上意，人馬僵斃，相望於道」。東坡〈荔枝嘆〉亦感嘆貢品帶給百姓巨大的傷害，前幾句節奏急促，懾人心魄：「十里一置飛塵灰，五里一堠兵火催。顛阬仆谷相枕藉，知是荔枝龍眼來。飛車跨山鶻橫海，風枝露葉如新採。宮中美人一破顏，驚塵濺血流千載。」一次次跨山越河快跑狂奔，楊貴妃送進嘴裏的荔枝，顆顆都浸著別人的血。

當年用麻竹筒裝荔枝保鮮，將荔枝從涪州（今重慶市涪陵區）運送到長安。麻竹筒容量大，水分足，利於保存新鮮荔枝——先用水浸泡竹筒兩天，再將剛採收的荔枝洗淨，裝入竹筒，以蜂蠟封口，飛騎接力，日夜兼程送到長安。封在麻竹筒內七日的荔枝，果皮保有原色，果肉質地良好，維持原來的新鮮風味。白居易〈荔枝圖序〉有幾句說：「若離本枝，一日而色變，二日而香變，三日而味變，四五日外，色香味盡去矣」。現今冷藏方便，買來後一時吃不完，千萬別直接送進冰箱；我慣用濕報紙包覆，再套入塑膠袋，冷藏，以防水分流失。

古人詠荔枝以東坡居士最厲害，他被貶惠州後，初嚐荔枝，盛贊：「海山仙人絳羅襦，紅紗中單白玉膚；不須更待妃子笑，風骨自是傾城姝」；待剝開果皮，品嚐果肉，竟以兩種水產比喻：「似開江鰩斫玉柱，更洗河豚烹腹腴」。他另一首七言絕句〈荔枝〉末兩句：「日啖荔枝三百顆，不妨長做嶺南人」，這才是美食家本色。

臺灣的農業科技令玉荷包勇於生育，各農場有獨門培育法，施肥方式也不同，「坪頂果園」稱採自然農法栽培，果園內放養土雞，雞、果共榮，減少了農藥使用。有人給果樹喝牛奶，據說可以提高甜度，《舊約》中，上帝應許的樂土：「流奶與蜜之地」，說的好像是南臺灣的荔枝園。

玉荷包的產季短，採收、銷售、賞味都必須有效把握。今年受氣候影響，約延後了二十天收成。前幾天輔大比較文學所博士生孫智齡宅配了一箱送我，品嚐這麼甜美的禮物，得非常認真地幫助這個學生啊。

# 荔枝

五—七月

我閒逛載酒堂，放縱想像，浮憶東坡先生的詩文。他晚年遠謫儋耳，在這裡住了三年，在那樣困頓的環境，講學育才，是如何豁達的心境，能寫下「菜肥人愈瘦，竈閑井常勤」？當時黎子雲兄弟、張中為他醵錢作屋，「客來有美載，果熟多幽欣。丹荔破玉膚，黃柑溢芳津。借我三畝地，結茅為子鄰。鴂舌倘可學，化為黎母民。」院子裡有兩株高大的荔枝樹，結實纍纍，我知道並非當年東坡先生手植。

中國在華南栽種和生產荔枝已兩千年，這種亞熱帶水果，北方人罕見，古代顯得十分珍奇，清．梁章鉅《歸田瑣記》敘述女婿從福州飛寄兩簍荔枝來，侵曉摘下，即裝籠登舟；分贈親友品嚐，大家都覺得是生平口福。

清康熙年間，詩人孫元衡任官臺灣，「創置學田，以資貧士，嚴緝捕，以靖地方」，政績頗有口碑，在臺期間慈惠愛民。他愛極了荔枝，曾歌詠荔枝多首，諸如〈喜荔枝船到〉敘述終於盼到貨船運來荔枝，欣喜非常；〈累日望荔枝船不到〉則難掩盼不到的失望神情。〈詠荔枝〉二首贊為仙果、美人：「味含仙意空南國，姿近天然是美人。丹罽潛胎珠玓瓅，脂膚滿綻玉精神」；「輕紅照肉白凝齒，芳氣襲魂寒沁心」。〈最後買得荔枝友人言味少遜率成一絕〉：

澹紅衫子白羅裳，還是佳人倒暈妝。

天與色香南渡海，醉中風味不尋常。

歷來騷人墨客多對荔枝一往情深，並慣以水晶、雪喻果肉，范咸於乾隆年間（1745～1747）任巡臺御史兼理學政，並編纂《重修臺灣府志》，亦有詩詠荔枝：

絳羅衫子雪肌膚，一種香甜絕勝酥。
消渴液寒青玉髓，脫囊盤走水晶珠。
阿環風味差堪擬，盧橘芳名亦少殊。
飽啖拚教煙爨絕，不辭人喚作狂奴。

荔枝保鮮較困難增加了珍貴感，所謂「一日色變，二日香變，三日味變，四日色香味盡去」。劉家謀感嘆荔枝自內地運來色香味俱變：「片帆度重洋，潮汐苦留滯。竟為風日侵，顏色欲變異。百年在鄉好，萬事及時貴。君看仙人姿，過海亦憔悴。」

盛產時除了鮮食，還加工成罐頭、果脯、果醬、果蜜，和釀酒，楊朔〈荔枝蜜〉描述荔枝蜜：特點是成色純，養分多，滋養精神。一開瓶塞，就是那麼一股甜香，調上半杯一喝，甜香裡帶著股清氣，很有點鮮荔枝味；喝著這樣的好蜜，會覺得生活都是甜的。

《紅樓夢》三十七回敘述襲人尋纏絲白瑪瑙碟子，要給史湘雲倒東西，晴雯笑道：「給三姑娘送荔枝去了，還沒送回來。」襲人嘀咕：「家常送東西的傢伙也多，巴巴的偏拿這個。」晴雯回道：「他說這個碟子配上鮮荔枝才好看。」荔枝果形一端微尖，表皮紫紅，略似尖腮猴臉。二十二回賈母作謎語給賈政猜：「猴子身輕站樹梢」，謎底是荔枝；蓋「站樹梢」義同「立枝」，「立」、「荔」諧音；又，荔枝與「離枝」諧音，故脂批說此謎有「樹倒猢猻散」寓意。

余光中〈荔枝〉歌贊荔枝之津甜，倡言先在冰箱冷藏一夜，待「冷艷沁澈了清甘」味道更佳；末四句呈現白盤、紅荔枝配色之美：

> 七八粒凍紅托在白瓷盤裡
> 東坡的三百顆無此冰涼
> 梵谷和塞尚無此眼福
> 齊璜的畫意怎忍下手？

我不記得梵谷和塞尚畫過荔枝，倒是白石老人喜歡畫荔枝，濃墨畫枝，焦墨勾葉，淡胭脂打底濃胭脂加點。「白石老人筆下的墨與色都是亮的」，王祥夫在《四方五味：中國民間飲食文化散記》中說：「他筆下的荔枝還敢用赭石做襯，一大串荔枝裡有一兩個以淡墨和赭石畫的荔枝，襯得那胭脂更好看。」

荔枝品種不少，桂味、糯米糍、掛綠、玉荷包皆是高尚的品種，也有無核者。無核荔枝果肉凝脂，晶瑩，清脆無渣，甜度比普通荔枝明顯，無論色、香、味都是荔枝中的精品。晚唐．段公路《北戶錄》載無核荔枝：

南方果之美者有欐支。衛洪《七聞》曰：「蒲桃、龍目、椰子、欐支。」作此字。梧州火山者，夏初先熟而味小劣，其高潘州者最佳，五六月方熟，有無核類，雞卵大者，其肪瑩白，不減水精，性熱液甘，乃奇實也。又有蠟荔支，作青黃色，亦絕美。《南越志》云：荔枝洲有焦核黃蠟者為優，故《廣州記》曰：荔枝如雞卵大，殼朱肉白，五六月熟，核若雞舌香。陳藏器曰：荔枝樹冬青，實如雞子，核黃，黑似熟蓮子，實白如肪，甘而多汁，百鳥食之為肥，極宜人。《廣志》云：焦核胡偈，此最美；次有鼈卵焉。其樹自合抱至數圍大者，材中梁棟，其堅即佉陁等木，無以加也。嶺中荔枝纔盡，龍眼子方熟，大如彈丸，皮褐肉白，而味過甜。俗呼為荔枝奴，非虛語耳。

段公路所述仍屬有核荔枝，只是核較小罷了。無論品種，荔枝都是紅豔成熟時才美味，青荔枝吃起來攢眉螫口，澀難下咽。《清稗類鈔》載粵人李倩酷食青荔枝，蘸鹽蝦醬，每次吃掉百枚，自言：「人間至味無逾於是，惜不能與醃鴨尾日夕慰我饞耳。」

描寫荔枝之味是高難度動作，白居易〈荔枝圖序〉：「殼如紅繒，膜如紫綃，瓤肉瑩白如冰雪，漿液甘酸如醴酪。」描寫外殼像紅色錦緞，膜如紫色薄綢，果肉彷彿冰雪般晶瑩，都恰如其分；然則說到滋味像甜粥，則不免弱矣。

蘇東坡無疑是非常傑出的修辭家，對飲食的鑒賞品味卓越而深富想像力，〈食荔枝〉詩第一首以「炎雲駢火實」描寫外形之誘人，以「瑞露酌天漿」形容這種水果的滋味，再用「分甘遍鈴下，也到黑衣郎」點出荔枝盛產，部屬和猿猴都可以分食的歡愉景象。然則〈荔枝似江瑤柱說〉竟指荔枝很像干貝，卻不言明如何像，大家再三追問所以，乃以作家比喻，說荔枝與甘貝，就像杜甫與司馬遷，深奧得像打啞謎。

成熟的荔枝味，是供人體會的，生活中有許多苦澀，需要荔枝來矯正。那令人深深迷戀的甜味，仔細分辨，除了風韻極佳的果香，甜中猶透露輕淡的酸，節制，溫柔，深刻，好像叫甜蜜不要太膩，不要太放縱。

# 聖女番茄

五—九月、十一—四月

大概覺得番茄甜度不高，較適合我這種高血糖的糟老頭；它高纖維、低糖、低GI值，又有強烈的健康暗示，已經成為我的日常零食。尤其小番茄非常方便食用，洗淨後置之保鮮盒中，工作時隨手送入嘴裡，一口一顆，比抽煙好多了。

中醫斷言番茄生津，利尿，清熱解毒，健胃消食，涼血平肝，有清補之功。世人皆知它營養價值豐富，大部分都容易被人體吸收。其中的番茄素、檸檬酸和蘋果酸能促進唾液、胃液分泌，幫助消化；維生素B有利大腦發育，緩解腦細胞疲勞，預防動脈粥樣硬化、高血壓；氯化汞對肝臟有益；穀胱甘肽有抗癌功能；裡面的胡蘿蔔素，能防治小兒佝僂病、夜盲症、乾眼症。此外，還可抑制多種細菌；抑制酪氨酸酶，令雀斑減少，使皮膚潔淨，防止細胞老化……我應及早愛上番茄。

一九七〇年前，臺灣多種大果番茄。經濟的提升，提升了人們要求水果的甜度和細緻度，小果番茄遂日漸受歡迎。小果番茄又稱櫻桃番茄，品種越來越多，農友公司先推出「聯珠」、「明珠」、「四季紅」等品種，由於酸度較明顯，常夾著蜜餞吃。一九八九年「聖女」出現江湖，普遍受到寵愛，鮮食番茄的市場乃發生革命性變革，也令日後長橢圓形的番茄都泛稱為「聖女型」番茄，諸如「秀女」、「小蜜」、「玉女」、「仙女」、「花蓮亞蔬十三號」、「臺南亞蔬六號」、「夏越三號」……

櫻桃番茄是野生型亞種和半栽培型亞種的統稱，果型小，形似櫻桃。果形大小整齊，糖度高，色澤鮮豔，不裂果，耐儲存、運送。聖女番茄又稱聖女果、珍珠小番茄，果實鮮豔，有紅、黃等果色；皮薄，富彈性，甜度較高，且無生草味。

許多水果都是在運輸途中後熟，以番茄來講，從前得趁堅硬、青澀時採收，再用乙烯氣體進行人工催熟。莎弗基因（Flavr Savr gene）能有效延緩成熟番茄的快速腐爛，容許它們在藤蔓上熟成。Calgene公司研製的基因改造番茄在一九九四～一九九五年間上市，是世界上第一種商業化生產的基因改造作物；該公司採用反義RNA技術，抑制了使番茄變軟的基因，從而避免番茄在運輸中腐爛。

農業總是致力於抗病、耐運送儲存的育種；番茄更是常見新品種。有人誤以為聖女果也是基改產品，其實是農友公司所育。欣見臺灣果農逐漸覺醒，越來越多農園採有機栽培，耐心除草，修剪枝葉，用微生物防治法，培養各種害蟲天敵，維護生態完整。

番茄兼具觀賞、蔬、果價值，原產於秘魯、厄瓜多爾、玻利維亞等地，既是舶來品，故別稱西紅柿、番柿、洋柿子；早期只是觀賞性植物，清光緒年間才引進食用品種，嘉義詩人、畫家林玉山（1907～2004）歌詠：「果如紅柿出西洋，氣味芳香養素強。憶昔無多人賞識，年來釀醬作羹湯。」林獻堂作〈次少奇園蔬四品原韻〉時，番茄也還是只當蔬菜：「異域傳佳種，勤栽不計叢。果成當返照，惟見滿園紅。」

大仲馬好客，週日常在別墅舉辦大型午餐會，他的同居人非常不善於管家，經常任性地辭退僕人。宴客的前一天，她忽然又解僱全家三個僕人。大仲馬站在窗前發愁，望著花園裡那群等待餵飽的訪客，他精諳廚藝，發揮了文學天才的想像力和創造力，在廚房裡找到三磅奶油，米，和一些番茄，立即升火煮出一大鍋番茄燜飯，吃得大家贊不絕口。

歌詠番茄的詩作中，我最喜歡智利詩人聶魯達以短句結構的〈番茄頌〉，他頌揚番茄之燦爛奪目：「正午，／夏日，／光／破裂成／兩半／的／番茄」。除了視覺上喻為眩目的陽光，也視它為沙拉必備之漿果：「它的果汁／奔跑／經過街道，／在十二月，／也不能減緩，／番茄／入侵／廚房，接管午餐，／舒適地／在流理檯上，／跟著玻璃杯，／奶油碟／藍色的鹽罐」；贊美番茄的芬芳，「一顆鮮豔／深沉，／取用不盡的／冷太陽／淹沒了全智利的／沙拉」；並詠嘆它賜予人們豔熱的節慶，和擁抱一切的新鮮，是「我們地上的星星，／我們繁衍而肥沃／的星星」。聶魯達的番茄基本上還當蔬菜。

鮮食番茄的美味標準大抵是：甜度高，皮薄，肉質細膩。溫室有機栽培的口感尤佳。我參訪過彰化的有機番茄溫室，入口處以網門隔離可能的病蟲害，採滴灌、懸空網架種植。好像去探訪深閨中的夢裡人。

胡弦在《菜書》中贊美番茄：「猛一看是含蓄的，體內，每一條水系都像盛著憧憬和懷想；其實卻是奔放的，漲滿了太陽的蜜和大地的血性」。這段文字頗能呼應聶魯達的詩境。難怪洋人奉為愛情果。

它紅豔的膚色誘人想一親芳澤；它酸中帶甜的滋味，像極了愛情的滋味。

臺灣人超愛過情人節，一年中大半的節慶都被過得像情人節。情人節贈送巧克力太庸俗了，且有齲齒之虞；不如鼓勵果商包裝聖女小番茄成禮物，行銷臺灣特色的綿綿情意，也差堪不辜負國人的情人節熱。

# 檳榔

五—十二月，九、十月盛產

往舊好茶山徑上，頗多峭壁，顯見魯凱族修築這條步道之艱辛。兩隻老鷹在上空盤旋，繡眼畫眉、山紅頭四處啼叫，好像嘲笑著我的喘息聲，蝴蝶冒冒失失地撞來撞去。來到瀑布旁，奧威尼．卡露斯採了些檳榔，切開，夾進李子蜜餞，遞給我。初嚐沒有紅灰、荖葉、菁仔的檳榔，驚覺風味雋永，蜜餞有效矯正了檳榔的澀感，好像準確調味過的蔬果。忽然有所領悟，未添加石灰，降低致癌性，也許是嚼檳榔的理想方式。

從前供職於《人間副刊》，同事鄧獻誌、李疾嗜嚼檳榔，我們也跟著每天嚼食，垃圾桶裡除了稿紙就是檳榔渣，辦公室每天流動著一種檳榔氣味，透露些草莽，鄉土氣息。獻誌常告誡：檳榔鹼性，像你這麼愛吃肉，常嚼，可以改變酸性體質呈弱鹼，好東西啊。

初嚐之人，驚異是一定的。首先是腦海裡湧動的微醺感，口舌胸膛突然升起熱流，接著是生津，「唾液如泉」。孫霖在乾隆初期來臺灣，〈赤嵌竹枝詞〉其中一首：「雌雄別味嚼檳榔，古賁灰和荖葉香。番女朱唇生酒暈，爭看猱採耀蠻方。」

臺灣的檳榔品質佳，從前普遍嚼食，尤以婦女為甚，「吸生煙，喫檳榔，日夜不斷」，劉家謀在臺任官四年（1814～1853），不免愛上檳榔：「煙草檳榔遍幾家，金錢不惜擲泥沙。」彰化人吳德功（1848～1912）也歌詠：「檳榔佳種產臺灣，荖葉蠣灰和食殷。十五女郎欣咀嚼，紅潮上頰醉酡顏。」臺中人呂敦禮甚至作詩歌頌檳榔，甚至比喻嚼食聲為音樂：

籜解霜風實結成，一枚入口異香生。
脆如小芑齏才斷，嚼出宮商角徵聲。

檳榔又不是口琴，說它能嚼出音樂委實是詩的誇飾。黃逢昶有一首詩描寫早年臺中婦女喜嚼檳榔：「檳榔何與美人妝？黑齒猶增皓齒光。一望色如香草碧，隔窗遙指是吳娘。」

常嚼檳榔牙齒會變黑，頗礙觀瞻，當時的審美觀異於當前，竟以黑齒為美，就像劉家謀一首詩所詠「黑齒偏云助艷姿」。劉家謀《海音詩》是一部企劃性創作，凡百首七絕，無詩題，詩末皆加註，以詩證事，引註證詩，那些註對臺灣的政治、社會、文化的觀察和描寫都頗具價值，那首詩的註釋如此洞察：

婦女以黑齒為妍，多取檳榔和孩兒茶嚼之。按《彰化縣志》番俗考：「男女以澀草或芭蕉花擦齒，令黑。」蓋本之番俗也。

清康熙年間（一七〇五），孫元衡來臺任臺灣府海防捕盜同知，其詩作深刻反映臺灣風俗民情，藝術性高，連橫盛贊他的作品：「健筆凌空，蜚聲海上，足為臺灣生色」。孫元衡是安徽桐城人，大概來臺灣後才嚐到檳榔，〈食檳榔有感〉云：「扶留籐脆香能久，古賁灰勻色更嬌。人到稱翁休更食，衰顏無處著紅潮。」詩裡感嘆年老色衰，食檳榔之後，連臉紅的生理反應也無了。清嘉慶年間楊桂森擔任彰化知縣，他的詩〈紅潮登頰醉檳榔〉就是描這種生理反應：「陡覺溫顏流汗雨，真教鐵面亦春風。頰端渾認餐霞赤，潮勢憑看吐沫紅。渴斛未容茶社解，醉鄉不藉酒兵攻」。

除了日常嚼食，從前臺灣人也常用來待客，送禮；貴客來訪，適時奉上檳榔，很能表示敬意和熱情。檳榔原產於馬來西亞，名稱源自馬來語pinang，別名包括：賓門、仁頻、仁榔、洗瘴丹、仙瘴丹、螺果等等，賓、郎，都是稱呼貴客。嵇含《南方草木狀》載：「交廣人凡貴勝族客，必先呈此果。若邂逅不設，用相嫌恨。則檳榔名義，蓋取於此。」清乾隆年間，張湄派任為巡臺御史，期間頗多吟詠風物之作，〈檳榔〉一詩敘述化解糾紛之妙用：「睚眦小忿久難忘，牙角頻爭雀鼠傷。一抹胭紅還舊好，解紛惟有送檳榔。」

詩後附註釋：「臺地閭里詬誶，輒易搆訟，親到其家送檳榔，數口即可消怨釋忿」。可見檳榔關係到社交酬酢，大家一起吃檳榔，和一起喝酒相同，嚼到臉紅耳赤時能有效弭平怨氣。他另一首〈棗子檳榔〉極言檳榔味道非常迷人：「丹頰無端生酒暈，朱唇那復吐脂香。饑餐飽嚼日百顆，傾盡蠻州金錯囊。」不僅臺灣，檳榔自古即是中國東南沿海各省居民迎賓敬客、款待親朋的佳果。此外，海南、越南、菲律賓、馬來西亞、印度均有嚼食檳榔的風俗。

當時臺灣人嚼食檳榔相當普遍，范咸在張湄之後也擔任過巡臺御史，雖僅兩年就罷職，在臺期間也不免要吃檳榔，贊道：「南海嗜賓門，初嘗面覺溫。苦饑如中酒，得飽勝朝餐。種必連椰子，功寧比稻孫。瘴鄉能已疾，留得口脂痕。」

早期臺灣還被視為瘴癘之鄉，咸信嚼食檳榔能助消化，具藥效。施鈺詩詠：「瀛壖自昔稱多瘴，佳實功宜補藥方」。檳榔的品種不少，鳳山人氏陳斗南偏愛蕭籠雞心：「臺灣檳榔何最美，蕭籠雞心稱無比」。

海南島的檳榔較碩大，即蘇東坡當年所嚼，蘇東坡〈食檳榔〉描述檳榔作為呈客上品，嚼檳榔之形狀，對身體的影響：

風欺紫鳳卵，雨暗蒼龍乳。
裂包一墮地，還以皮自煮。
北客初未諳，勸食俗難阻。
中虛畏泄氣，始嚼或半吐。
吸津得微甘，著齒隨亦苦。
面目太嚴冷，滋味絕媚嫵。

誅彭動可策，推轂勇宜賈。
瘴風作堅頑，導利時有補。
藥儲固可爾，果錄詎用許。
先生失膏粱，便腹委敗鼓。
日啖過一粒，腸胃為所侮。

無論任一品種，嚼檳榔總會面紅耳赤，心跳加速，像灌了黃湯，接近軟毒品，可能是那種迷醉功能，竟帶著調情效果。《紅樓夢》六十四回敘述賈璉貪圖尤二姐美色，借口回家取銀子，鑽進寧府勾引二姐，又不敢造次動手動腳，便搭訕著：「『檳榔荷包也忘記了帶了來，妹妹有檳榔，賞我一口吃。』二姐道：『檳榔倒有，就只是我的檳榔從來不給人吃。』賈璉便笑著欲近身來拿。二姐怕人看見不雅，便連忙一笑，撂了過來。賈璉接在手中，都倒了出來，揀了半塊吃剩下的撂在口中吃了」。

此物原是重要的中藥，大概是味道強烈，前人用檳榔煎液有驅蟲作用，對絛蟲、蛔蟲、蟯蟲、薑片蟲、血吸蟲等皆有作用；相傳還能抗憂鬱，乃歷代醫家治病的藥果。李時珍在《本草綱目》說明了它的性味功能，又補充：

嶺南人以檳榔代茶禦瘴，其功有四：一曰醒能使之醉，蓋食之久，則醺然頰赤，若飲酒然，蘇東坡所謂『經潮登頰醉檳榔』也。二曰醉能使之醒，蓋酒後嚼之，則寬氣下痰，餘酲頓解，朱晦庵所謂『檳榔收得為祛痰』也。三曰飢能使之飽。四曰他以使之饑。蓋空腹食之，則充然氣盛如飽；飽後食之，則飲食快然易消。又且賦性疏通而不泄氣，稟味嚴正而更有餘甘，有是德故有是功也。

世間好物多如雙面刃，再好的東西吃多了也不好，國際癌症研究署（IARC）確定檳榔為「第一類致癌物」。嚼檳榔最為人詬病的形象大概是吐紅沫，這種吃法自古即然，李時珍：「檳榔生食，必以扶留藤、古賁灰為使，相合嚼之，吐去紅水一口，乃滑美不澀，下氣消食。」華人吃檳榔，吐紅沫，性質跟大聯盟職棒球員嚼菸草（dipping）很像，每次看大聯盟，球員總是鼓起面頰嚼著煙草。從前王建民還效力紐約洋基隊時我常看大聯盟賽事，艾力士．羅德里奎茲（Alex Rodriguez）出場時嘴巴都嚼著煙草，試揮幾下球棒，瞪著波士頓紅襪隊的王牌投手，吐出大量的唾液煙草汁，帶著挑釁、對決的況味，那帥勁充滿了力量，酷到極點。

煙草也屬第一類致癌物，和檳榔一樣嚼食後都會發熱，出汗，精神亢奮，皆直接影響中樞神經：提神，微醺感，反應變靈敏，生津的快感，興奮感，吞嚥汁液時升起一股熱流。

二十幾年前去紐約演講，在皇后區法拉盛，時差令我疲憊不堪，主辦單位見我頻打哈欠，立刻去超市買了檳榔給我嚼。那檳榔經過長途運輸，已經略顯乾枯，我倒寧願嚼一點煙草。

古人認為「多食檳榔，令人破氣」。現代醫學證實，檳榔果實含多酚類化合物、檳榔素、檳榔鹼，會影響人體內的大腦、交感神經及副交感神經作用，提高警覺度，上升腎上腺素濃度。經驗令我覺得嚼檳榔很容易成癮，但不知它的成癮機轉？上癮之後，戒除甚難。我曾在新好茶部落拜訪一位年逾百歲的老婆婆，她已經沒有牙齒咀嚼了，邊織布邊講話邊用小木杵搗著缽裡的檳榔，研磨成泥再送進嘴裡吞食。

世界衛生組織證實：菁仔中的檳榔素、檳榔鹼具潛在致癌性，常食會危害健康；檳榔所添加的石灰堪稱助癌劑，會破壞口腔黏膜的表皮細胞，導致細胞增生變異；這些因素都會造成口腔癌。臺灣人嚼檳榔的習慣是加紅灰，若合併吸菸、喝酒，更容易引起口腔癌、咽喉癌和食道癌。

檳榔樹相當高大，引莖直上，杜子般不生枝葉。現代詩人以紀弦最愛檳榔樹了，不但詩集多以檳榔樹為名，也自喻為檳榔樹，可能是他長得又高又瘦，「高高的檳榔樹。/如此單純而又神秘的檳榔樹。/和我同類的檳榔樹。/搖曳著的檳榔樹。/沉思著的檳榔樹。/使這海島的黃昏富於情調了的檳榔樹。」雖然長得高大，卻根淺，抓不住土壤，無法護土又遇強風摧折，在紀弦筆下轉喻為人的崇高品格：「懷著征服的意念的大颱風/所加於你的虐待是攔腰截斷；／而那些懂得如何低首的花枝／依然招展在風後的麗日下。」

抓地力弱，水土保持差，導致土壤崩蝕、地下水水位迅速下降，大面積種植在造成土地深層風化，每逢大雨沖蝕，山坡地極易造成土石流災難。我有時行走山區，見滿山檳榔，觸目驚心，據說檳榔已取代茶、蔬菜，成為臺灣第二大農作物，每年山坡地因檳榔園流失的砂土約五至二十公噸，沿海地層下陷、地下水源枯竭，果然如此，則檳榔又堪稱臺灣環保之癌。

種植檳榔的利潤優厚，經濟效益帶動七〇年代「檳榔西施」滿滿是，這是臺灣特有的行業，妙齡女子穿著暴露在公路旁賣檳榔，薄紗露毛，顫乳搖臀，引男顧客遐思。全臺的檳榔攤超過三萬家，和牛肉麵店家一樣多，櫥窗，紅唇，展現了女體行銷，糾結著食慾，色慾，偷窺和買賣的風情，展現另一種生猛有力的臺客文化。

剛到學校任教時開一門「報導文學」課，有學生的期末報告作檳榔西施，他的結論是中央路出來右轉，大約走六百米，左邊那攤最漂亮。我幾度動念想去偷看這位「全臺灣最漂亮的檳榔西施」，可惜忙得忘記了，如今多年過去，成為懸念。檳榔的生物鹼能提神，心跳加速；檳榔西施令男人產生生物學反應，心律不整。

剛出土的檳榔筍亦美，外觀似箭竹筍，風味甚美，臺灣人在三四月間採食，連一天到晚想回中原的胡承珙也贊嘆，「青子和灰曾代茗，白肪包籜腹中蔬。蠻鄉風味新奇劇，坡老徒誇食木魚。」檳榔筍美，花也美。

檳榔花奇特，花序分支中開著兩種不同的花，稻穗般，小而量多，沒有花柄，緊貼分枝上部生長的是雄花，而著生於花序軸或分枝基部的是雌花；不凋謝，不掉落，花萼和花瓣宿存，變成卵圓形的果實。每年二次開花。清炒、涼拌都很好吃，我常吃木柵「野山土雞園」清炒檳榔花；也愛吃點水樓一道小菜「塔香半天花」，半天花即檳榔花，用九層塔涼拌，鮮嫩爽脆，有一種清涼的氣息纏綿在口腔，在心裡。

最近一次嚼檳榔是帶兩個女兒去日月潭作「療傷之旅」，好山好水確實撫慰了我們父女。駕車回程睏得要命，在公路邊買了一包檳榔，一粒入嘴，立刻精神起來，頭腦忽然清醒了。

我知道吃檳榔過量會產生中毒反應，它迷惑人，卻極具危險，像不正常的親密關係，像禁忌的遊戲，嚼多了會有墮落感，罪惡感，越陷越深。可它那麼清香，那麼容易上癮。

# 木瓜

五—十月，九、十月盛產

龍瑛宗〈植有木瓜樹的小鎮〉背景是日據時代，剛從中等學校畢業的陳有三考進街役場擔任助理會計，他望著夢想中的社員住宅：「右邊連翹的圍牆內，日人住宅舒暢地並排著，周圍長著很多木瓜樹，穩重的綠色大葉下，結著纍纍橢圓形的果實，被夕陽的微弱茜草色塗上異彩」。木瓜樹在這裡成為富足安逸的象徵，只有日本人和高階才有資格居住，奮發向上的青年堅定意志，期待努力幾年後，升任一定的位置，住日本式房子，過日本式生活。

木瓜樹總是以正面形象出現，公園裡，「草地的邊上，有一群木瓜樹，靜靜地吸著剛升起的上弦月光。地上投射淡淡的樹影」。又如走訪同事家，「十二、三歲的少女端來一盤木瓜。美麗而黃暈的瓜肉上，圓圓小小的黑色種子發著濕濡的光」。

整篇小說色調黯淡，透露無可奈何的哀愁和苦悶，陳有三日益消沈，倦怠，彷徨，「只有木瓜樹是一樣的，直立高聳，張著大八手狀的葉子，淡黃而滋潤的果實，纍纍地聚掛於幹上。這美麗色彩而豐盛的南國風景，溫暖了他的心；在空洞的生活裡，微弱的陽光透射進來」。

臺灣人現在吃的木瓜皆為番木瓜，原產於中美洲，十七世紀傳至亞洲；二十世紀初才引進臺灣，當時栽培的木瓜果小質劣，甚至略帶苦味，多當作飼料。木瓜從飼料槽變成桌上的水果後，開始大量栽培。日據時代起，臺灣木瓜持續改良品種，經分離純化，雜交育種，目前最普遍的是臺農二號，多採用網室栽培，以降低毒素病害。

番木瓜多作為水果鮮吃，中土的原生木瓜則作為藥材使用，乃極佳的食療水果，又稱木冬瓜、石瓜、蓬生果、楙、海棠梨、木瓜實、鐵腳梨。木瓜富含各種維生素，自古被稱「萬壽果」，中醫書即說它有許多功能：理脾和胃，平肝舒筋，抗菌消炎；還能促進消化，抗痙攣，幫助潰瘍癒合，增強體質，保護肝臟，對結核桿菌、蛔蟲、絛蟲、鞭蟲、阿米巴原蟲有明顯抑制作用。難怪世界衛生組織譽木瓜為水果類第一名。

除了解毒、改善體質，木瓜的蛋白酶（papain）能抑制發炎，幫助消化蛋白質食物，因此這種酵素被提煉成嫩精，軟化不易熟爛的肉類。可能木瓜酶促進乳腺激素分泌，具有通乳效果，江湖傳言木瓜燉煮排骨可以豐胸，焦妻曾認真煮青木瓜排骨湯給發育中的女兒吃，可能煮得太難吃，人體實驗結果失敗，也證實胸大並不等於美麗。

不過涼拌青木瓜絲確實美味開胃，幾乎每一家泰式餐廳都有供應。新疆「抓飯」有時亦佐以木瓜絲。要注意的是，青木瓜自古多用於避孕、墮胎，婦女懷孕時宜忌。木瓜，尤其是木瓜子會抑制精蟲泳動，具雄性避孕效果。

中國原產的木瓜以安徽宣城所產最佳，其果實個小質硬，有木渣感；但可以藥用，醫用價值遠甚於果用。宋．張耒〈宮中詞〉：「木瓜甘酸輕病股」。木瓜在古代還曾是互相傳情的禮品，《詩經》有一首詩〈木瓜〉：「投我以木瓜，報之以瓊琚。匪報也，永以為好也」。人家贈我木瓜，我答贈以珍美的玉佩，並非表達禮尚往來，而是永結恩情。

木瓜盛產的季節，吾家天天吃木瓜，我愛它外形予人豐腴感，味道軟滑微甜，若一次買多了，用報紙包妥置入冰箱冷藏，賞味期可延長幾天。彰化詩人周定山（1898～1975）有七言律詩〈屏東木瓜〉盛贊南臺灣的木瓜：

壽山南畔鳳山傍，名果纍纍萃一鄉。
地以物傳徵骨榦，人為品重試瓤房。
味涵玉液甘逾蜜，囊甕金砂色尚黃。
文旦香蕉爭鼎立，宣州聲價讓炎方。

最後一句意謂屏東番木瓜勝過宣州宣木瓜。安徽宣城出產的宣木瓜，體型小，鮮食味酸澀，多蒸熟後用蜜浸之，或蜜漬為果餞、果醬。

木瓜花五瓣，淡紅色，十分豔麗，柔媚，宋．張舜民詩贊：「簇簇紅葩間綠荄，陽和閒暇不須催。天教爾豔足奇絕，不與夭桃次第開」。不唯花美，果實也氣味芬芳，陸游詠木瓜：「宣城繡瓜有奇香，偶得并蒂置枕旁。亡根互用亦何常，我以鼻嗅代舌嘗」，可見當時欣賞木瓜很重視嗅覺。

《紅樓夢》裡的姑娘們常在房間中擺著新鮮木瓜，秦可卿房間飄散著木瓜甜香，令寶玉一聞到就眼餳骨軟，乃在木瓜幽香中夢遊了太虛幻境，醒來遂強要襲人領受雲雨。

番木瓜葉大成掌狀，多數撐開如同一把巨大的傘，在木瓜園，每一步都是風景，如宋．文同的五律〈木瓜園〉所歌詠。幼時寄居外婆家，舅舅種了一園木瓜樹，我穿梭纍纍的瓜樹下，每每神往那些淡黃帶著微綠的果實，正是「沈沈黛色濃，糝糝金沙絢」。

最近登二膽島，到處是坦克、碉堡、坑道、軌條砦的蕞爾小島，曩昔的前線，將來的觀光地，竟有一「開心農場」，裡面的木瓜樹已結滿綠色果實，等待成熟。世事變化如電如霧，在危疑肅殺的年代，砲彈如雨落的小島竟開闢出迷你農場，供養戍守的軍人，在沉悶空洞的舊戰地，微弱的陽光透射進來。

# 西瓜

五—八月

那次我打靶神準，所有彈孔都穿過靶心，被「罰」吃一顆小玉西瓜，對切，規定整個頭埋進西瓜裡吃光光，小玉太窄太深，頭又顯得過大，雖然滿臉和頭髮都已是西瓜渣，猶原無法吃乾淨。服兵役時經常打靶，面對無聊的軍旅生活，同袍間玩遊戲，通常贏一分獲得一個荷包蛋，西瓜季節則埋頭舔小玉。

臺灣氣候及環境適合西瓜生產，花蓮、臺南、雲林、屏東、彰化為主要產區，所產西瓜堪稱風靡全球，品種甚夥，大別為三類：大西瓜、小西瓜、無子西瓜。大西瓜如華寶、富寶、新龍；小西瓜如紅鈴、寶冠、金蘭、新蘭、黑美人；無子西瓜如農友新奇、鳳山一號、蕙寶、麗蘭等等。另外還有小玉、小鳳、嘉寶、鳳光、英妙、寶冠、黛安娜、英倫、花姑娘……西瓜需要大量水分，又得排水良好，根部纖細脆弱，耐旱但不耐溼，易水傷，澆多了水會降低甜度，因此最適宜生長在高溫、日照充足的砂質土壤。臺灣的瓜田多見於河床沙洲。

西瓜原產於非洲南部沙漠地區，經絲路傳至西域新疆，因此稱為西瓜，野生西瓜雖只有網球大，也甚受歡迎；古埃及人甚至以西瓜作為法老的陪葬品，供來世繼續享用。

遲至五代西瓜始傳入中土，歐陽修《新五代史》記載後晉胡嶠在遼國吃西瓜。「蓋五代之先，瓜種已入浙東，但無西瓜之名，未遍中國爾」，李時珍說：「其色或青或綠，其瓤或白或紅，紅者味尤勝。其子或黃或紅，或黑或白，白者味更劣。其味有甘、有淡、有酸，酸者為下」。他所說的白瓤應是野生西瓜。古人或稱西瓜為「寒瓜」，我覺得可疑，陶弘景《本草經集注》載：「永嘉有寒瓜甚大，可藏至春」，當時西瓜怎麼能保存到翌年春天？永嘉之寒瓜，恐怕是冬瓜吧。

除非像烏魯木齊的西瓜較晚成熟。徐珂《清稗類鈔》載：「迪化之人多食西瓜，冬、春之交且有之。蓋其地沍寒而成熟遲，且食之足以解煤毒也」。

新疆是中土最早種植西瓜的地方，各地皆有生產，維吾爾族民歌〈達板城的姑娘〉：「達板城的石路硬又平呀，西瓜大又甜呀，那裡來的姑娘辮子長呀，兩顆眼睛真漂亮……」達板城位於天山東段最高峰柏格達峰南部，我從烏魯木齊到吐魯番曾路過，未見美麗的姑娘，倒是公路旁的水果攤見識了水汪汪的甜西瓜。

到了南宋，西瓜已經是很普遍的水果，清明上河圖就有小販在賣西瓜。文天祥有〈西瓜吟〉傳世：「拔出金佩刀，斫破蒼玉瓶。千點紅櫻桃，一團黃水晶。下嚥頓除煙火氣，入齒便作冰雪聲」；拔刀剖西瓜如砍破綠色的玉瓶，詩以許多紅櫻桃形容瓜瓤，用黃水晶比喻瓜子，復以嚼食冰雪的沙沙聲狀西瓜吃起來清涼退火。

剖西瓜多用西瓜刀，長，鋒利；不過，終不如文天祥的金佩刀有魄力。電影《巧克力情人》有一場景描述墨西哥熱浪翻騰的深夜，男主角身心沸騰，把一顆大西瓜摔在桌上，抓起破裂的西瓜狂吃，並不時用冰塊摩挲頸項。這是我見過最粗魯的剝食方式了。不過那場景印證了中醫說西瓜主治胸膈氣壅，滿悶不舒，暑熱，解酒毒。宋．劉子翬描寫西瓜：

柘漿溜溜香浮玉，蘇水沈沈色弄金。
那似甘瓜能破暑，一盤霜露沍清襟。

西瓜永遠關聯著消暑降火，其美學特徵也就是清涼，李商隱早就形容西瓜「碧玉冰寒漿」。它含92％水份，當然解渴。野生西瓜最初長在沙漠地帶，與生俱來耐旱機制，果肉所含的多氨基酸、單糖、蔗糖都能有效抓牢水分子。元．耶律楚材〈西域嚳新瓜〉：「西征軍旅未還家，六月攻城汗滴沙。自愧不才還有幸，午風涼處剖新瓜。」元．方夔〈食西瓜〉亦云：

恨無纖手削駝峰，醉嚼寒瓜一百筩。
縷縷花衫粘唾碧，痕痕丹血掐膚紅。
香浮笑語牙生水，涼入衣襟骨有風。
從此安心師老圃，青門何處問窮通。

之所以另名寒瓜，大概是中醫認為太生冷，為天生的白虎湯，《本草綱目》說它「甘，淡，寒」，主治「消煩止渴，解暑熱」，還能解酒；李時珍說明：「世俗以為醍醐灌頂，甘露灑心，取其一時之快，不知其傷脾助濕之害也」。世間大概罕見祝明甫這麼狂嗜西瓜的人，他乃清代嘉興人氏，在渤海書院教書，愛西瓜愛到不要命，病重時，還大啖幾顆，醫師勸阻，竟回答：「我將死，食此以洗腸胃耳」。

吃西瓜宜冰鎮，沒有冷藏設備時輒浸於溪流中，明．瞿佑〈紅瓤瓜〉：「採得青門綠玉房，巧將猩血沁中央。結成晞日三危露，瀉出流霞九釀漿。溪女洗花新染色，山翁煉藥舊傳方。賓筵滿把瑛盤飫，雪藕調冰倍有光」。

現在一年四季都吃得到西瓜了，冬天也有溫室栽培的西瓜上市，風味自然以夏天所產最佳。美味的西瓜皆有一種沙沙的口感，羅青卻有一首妙詩〈吃西瓜的六種方法〉不此之圖，虛張聲勢談西瓜的血統、西瓜的籍貫、西瓜的哲學、西瓜的版圖，「如果我們敲破了一個西瓜／那純粹是為了、嫉妒／敲破西瓜就等於滾碎一個圓圓的夜／就等於敲落了所有的，星，星／敲爛了一個完整的宇宙」，此詩雖曰六種方法，卻僅道出五種，其中第一種還只說「吃了再說」，陳述語境和布局饒富趣味和機巧。偏偏就是沒有西瓜的滋味。

舊工作室對面是臺師大，校慶那天是「西瓜節」，男生在這天送西瓜給女生，聽說是借用英文 watermelon，諧音為「我的美人」，藉以傳達情意；聽說紅西瓜代表愛慕，黃西瓜代表友情，近年更發展出不同的瓜語，諸如苦瓜隱喻愛得好苦，胡瓜象徵糊裡糊塗愛上你。

西瓜重肥，所幸臺灣農民的環境觀念逐漸落實，逐漸以有機肥取代化肥，謹守用藥原則，並以微生物防治病蟲害。從前西瓜率皆以產地名稱行銷，現在則漸漸創立農民品牌，區隔市場，如花蓮玉里鄉「玉里大西瓜」、壽豐鄉「果豔西瓜」等等。

西瓜之為用大矣，除了鮮食瓜瓤，西瓜皮切薄片可製成泡菜，或料理成各式茶飲、湯品，或作為蔬菜烹飪。西瓜霜用來治療口腔的疳瘡、急性咽喉炎。西瓜中的瓜氨酸(Citrulline)能增加陰莖海綿體的血液量，藥理作用似威而剛；不過，三十顆西瓜才有一顆威而剛的效力。

生命中不乏虛火，慾火，肝火，心火，怒火，妒火……西瓜恰似敘事文本中的插敘，幫助情節的展開或人物的刻畫更生動。它具清熱解暑、生津止渴、利尿除煩的功效，天生有撫慰人的本質，納涼的任務。炎炎夏日，幸虧它來陪伴，來穩定情緒，鎮靜平和，生活於是有了清涼的意思。西瓜有一種激情，激勵欲睡的細胞，修復昏眊的意志，令人心曠神怡，振作活力。此外，我覺得西瓜具有喚起記憶的功能，能召喚一些美好的過往，一些閃亮的人生風景。

吃西瓜最有情趣的地方可能是新疆公路邊的水果攤，是鄉村老榕樹下，好風習習吹拂，群蟬亂鳴，有人在樹下玩棋，有人泡茶眺望遠山，小販在前面賣刨冰。

# 水蜜桃

六—八月

民宿好像就建在上巴陵起伏溫柔的山嶺，早晨醒來見自己在雲海之上，好像誤闖了仙鄉，房屋，果樹，一切失去了重量感。遠處隱約可辨一些山巒，綿延，飄浮，四周沒有了方向感。直到陽光驅散嵐霧，露現農場，谷壑，針葉林，我知道群山那邊有神木群。拉拉山算中級山，卻有高山景緻。

那年夏天拉拉山之旅如夢似幻，我們住的木屋設備簡單，潔淨；窗外可見水蜜桃園，整片小喬木排隊站好，樹冠開張。民宿主人贈送自家栽種的水蜜桃，豔麗，皮薄，果肉豐滿，輕輕撕去果皮，入口滑潤，含糖量甚高，汁甜如蜜，好像不需要動用牙齒即化成了汁。果核甚大，溝紋深而明顯。上巴陵一帶屬大漢溪流域，土壤排水性質良好，非常適合水蜜桃，林明德〈拉拉山水蜜桃〉：「肉嫩汁多清甜，還有／一股沁涼的滋味／窗外，林蔭深處／突然隨風傳來——／聲聲蟬，多音交響」。

水蜜桃原產於中國，先傳播到亞洲周邊地區，再從波斯傳入西方。最早的文獻記載見於明代《群芳譜》：「水蜜桃獨上海有之，而顧尚寶西園所出尤佳。」之後向外發展，繁衍出「玉露桃」、「白花桃」、「愛保太」、「紅港」……和日本的「崗山白」、「大久保」、「白鳳」等品種，皆源自「上海水蜜桃」。

高冷海拔地區所產品質尤佳，故臺灣水蜜桃以拉拉山馳名，堪稱水蜜桃的故鄉，很早就結合了巨木群觀光；偏偏產季是多颱風的七月，水果極易遭受風雨摧殘。拉拉山的水蜜桃一年一穫，皮薄得吹彈可破，汁液飽滿，香濃，甘甜，爽滑，予人名貴感。它定義了水果的美學。余光中歌詠的水蜜桃應該來自拉拉山，喻之為性感美人：「水蜜桃，紅夭夭／是哪位情人在樹下／一時輕狂竟為你／取了這樣／令人噘涎的小名／而體態和臉暈／是同樣的妖嬈／躺在白淨的瓷盤上／又像是帶嗔／又像是發嬌／遮住你的誘惑／一襲輕輕的什麼／牽一牽就褪掉了／這就算抗拒了嗎？／又何其單薄」。

炎炎夏夜走在信義路上，看見水蜜桃美麗的身影，遂買了兩個回家嚐鮮。水蜜桃美味，美得令人想像此果只應天上有。《西遊記》第五回敘述齊天大聖偷吃蟠桃，雖未描寫蟠桃的滋味，卻細表那些桃樹：

> 夭夭灼灼，顆顆株株。夭夭灼灼花盈樹，顆顆株株果壓枝。果壓枝頭垂錦彈，花盈樹上簇胭脂。時開時結千年熟，無夏無冬萬載遲。先熟的，酡顏醉臉；還生的，帶蒂青皮。凝烟肌帶綠，映日顯丹姿。樹下奇葩并異卉，四時不謝色齊齊。左右樓臺并館舍，盈空常見罩雲霓。不是玄都凡俗種，瑤池王母自栽培。
>
> 大聖看玩多時，問土地道：「此樹有多少株數？」土地道：「有三千六百株：前面一千二百株，花微果小，三千年一熟，人喫了成仙了道，體健身輕。中間一千二百株，層花甘實，六千年一熟，人喫了霞舉飛昇，長生不老。後面一千二百株，紫紋緗

核，九千年一熟，人喫了與天地齊壽，日月同庚。」

這種稀珍蟠桃自然不是現實物產。如此長的篇幅並未描寫滋味，只著墨於水果的外形、療效。對於那場蟠桃宴，也僅止於外觀的呈現：「瓊香繚繞，瑞靄繽紛，瑤臺舖彩結，寶閣散氤氳。鳳鸞騰形縹緲，金花玉萼影浮沉。上排著九鳳丹霞扆，八寶紫霓墩。五綵描金桌，千花碧玉盆。桌上有龍肝和鳳髓，熊掌與猩唇。珍饈百味般般美，異果嘉殽色色新」。描寫蟠桃宴，極盡所能僅形容各種尊崇的筵席擺設，以及場地布置之豪華，和食材之珍貴、食具之精緻繁飾。就是完全沒有食物的味道。

壽桃古來即是長壽、吉祥的象徵，中國文學裡的桃總是美好的，桃花、桃子常關聯著仙境瑤池。夸父追趕太陽，半路渴死；死前拋開手杖，那杖化為一片桃林，結出甘甜的桃子，給路人解渴。

桃花之嬌紅，爛漫，為歷代詩人所歌詠，詩經〈桃夭〉就是女子出嫁時所唱的歌。詠桃花最廣為傳誦的，大概是唐人崔護：「去年今日此門中，人面桃花相映紅。人面不知何處去，桃花依舊笑春風」。我尤其喜歡明人唐伯虎的〈桃花庵歌〉，機智，風趣，輕快：

桃花塢裡桃花庵，桃花庵下桃花仙；

桃花仙人種桃樹，又摘桃花賣酒錢。
酒醒只在花前坐，酒醉還來花下眠；
半醒半醉日復日，花落花開年復年。

華人無不嚮往陶淵明筆下桃花林「夾岸數百步，中無雜樹，芳草鮮美，落英繽紛。」〈桃花源記〉影響中國讀書人的隱退心情，淑世不得，轉而追求雞犬相聞的鄉間生活，寄託美好生活的渴望。

水蜜桃肉厚汁多，甜度高，纖維少，有滑潤感；唯一的缺點是較難貯運。我深愛它的香味，送進嘴裡，潤入肺腑。二十幾年前的拉拉山景像一直迴盪我腦海，彷彿召喚，是水蜜桃的滋味如潮湧？還是懷念同遊同宿的人？

# 檸檬

六—八月

我的生活中不能沒有檸檬，平日在家烤魚炙肉，總是會淋幾滴檸檬汁在肉上，再刨一些檸檬皮絲，一則裝飾，再則去腥、提味。有時吃木瓜，也會淋一些檸檬汁在上面，檸檬酸快樂結合木瓜甜，改變了木瓜風味，一盤木瓜兩種口感。

檸檬的果肉極酸，不適合鮮食；果肉和果皮多用來烹飪及烘焙，尤其常用於榨汁。檸檬的維生素含量豐富，每回感冒，離家前回家後，總是泡一杯熱檸檬水喝。據說檸檬還能防止或淡化皮膚色素沉澱，有美白潤膚的作用。

檸檬汁也能令雞肉、魚肉變白變嫩，廣泛運用於歐式烹調，普遍用於調味醬，諸如希臘料理的雞肉檸檬蛋湯，和沙拉、甜品；普羅旺斯燉肉鍋中也少不了它；義大利燉小牛脛所需的三味醬（gremolata）就是切碎的檸檬皮、歐芹和大蒜。

這種芸香科水果咸信原產於亞熱帶，可能在印度南部、緬甸北部和中國南部；又很適宜地中海型氣候，龐貝古城中有一幅馬賽克畫出現檸檬，人們在菜餚中加入它，也當作藥物，可見羅馬人早就熟悉檸檬，不知何故在中世紀竟消失了，十字軍東征時才重現江湖，到了十六世紀已經普遍種植。

據一項檸檬基因研究，檸檬是枸櫞和苦橙的天然雜交體，果實呈橢圓狀，或綠或黃；在臺灣，四季都持續開花結果，夏天尤其盛產。一九八八年我赴義大利開會，順遊南義，途經蘇蓮多海岸，深深著迷於海岸風情，遂作詩懷念，其中兩句：「山坡上猖獗著紅玫瑰

／結實纍纍的檸檬黃」。路邊總是有人擺攤賣自釀的檸檬酒，色澤澄黃，氣味極芳香，非常誘人，遂買了幾瓶回家，夏日冰鎮品飲，其風味至今難忘。

檸檬的品種不多，超市常見的似為尤力克（Eureka）和里斯本（Lisbon），汁多，酸度高。我在蘇蓮多海岸所見則是費米耐羅（Femminello），或叫蘇蓮多（Sorrento），鮮黃的果皮，含較高的檸檬油，特別適宜釀造檸檬酒。

可能是酸澀難以鮮食，美國人以檸檬車（Lemon Car）表示有瑕疵的汽車，二手車市場則稱「檸檬市場」，更制定「檸檬法」以保障消費者的權益。

大航海時代，許多水手因壞血病（Scurvy）死在航行途中。是檸檬，解決了歐洲人遠程航海的致命問題。十八世紀中葉，英國醫生研究發現，檸檬富含維生素C，能有效治癒壞血病，因而拯救過數以萬計的水手。英國海軍乃規定水兵航海期間，每天要飲用定量的檸檬葉子水，徹底解決了海軍中的壞血病；英國人遂以「檸檬人」（Limey）戲稱自己的水兵和海員。

世人常萊姆（lime）、檸檬（lemon）不分，兩者同屬不同種，味道非常接近，果實的用途與植株生長特性也很像。萊姆的果實無籽、皮薄而較光滑，果形呈短橢圓，果肉淡綠色，顆粒較小；檸檬的果實皮稍粗，果形長橢圓，果肉較偏淺黃色。

日本詩人高村光太郎作〈檸檬哀歌〉哀悼亡妻，在她遺像前供上檸檬，追憶妻子臨終前吃檸檬，陳述的語調日常生活般平靜，實在，寓夫妻深情於檸檬，令人動容，全詩抄錄如下：

そんなにもあなたはレモンを待つてるた
かなしく白くあかるい死の床で
わたしの手からとつた一つのレモンを
あなたのきれいな歯ががりりと噛んだ
トパァズいろの香気が立つ
その数滴の天のものなるレモンの汁は
ぱつとあなたの意識を正常にした
あなたの青く澄んだ眼がかすかに笑ふ
わたしの手を握るあなたの力の健康さよ
あなたの咽喉に嵐はあるが
かういふ命の瀬戸ぎはに
智恵子はもとの智恵子となり
生涯の愛を一瞬にかたむけた

それからひと時
昔山顛でしたやうな深呼吸を一つして
あなたの機関はそれなり止まつた
写真の前に挿した桜の花かげに
すずしく光るレモンを今日も置かう

此詩收錄於《智惠子抄》，詩中所喚智惠子是他的亡妻，生前愛吃檸檬，臨終前在那慘白的病床上猶等待著檸檬，皓齒咬下去，芳香四溢，清澈的眼睛露出微笑，在彌留的時刻，一生的愛傾注於一瞬，像從前在山頂上那樣深深地呼吸……那樣輕淡的哀傷，那樣芬芳，淒美。

檸檬的酸味崇高，親切，自然，生活中若沒有檸檬，就像婚姻沒有愛情。焦妻最後的那段日子，有一晚她忽然說想吃肉圓，我忙碌了一整天已疲憊不堪，何況和信醫院一帶很荒涼，這時候更不太可能有人在賣肉圓。我看到她略顯失望的表情，又勉力露出微笑，囁嚅著，聽不清她在說什麼。腦瘤嚴重影響了她的言語能力。

後來我明白，很多事不立刻去做，可能就永遠沒有機會做了。她過世後我一直懊惱著那天夜裡沒有振作起來，駕車全臺北尋覓肉圓，我清楚記得她略顯失望的眼神，她體諒地微笑，囁嚅著，好像在自責嘴饞。

# 鳳梨

全年，各季節有不同品種

靠近「微熱山丘」老家，139線道兩旁停滿了車，車旁是契作鳳梨田，和販售當地農產品的攤販。這是微熱山丘發跡的地方，除了是南投門市，另設立村民市集，這座白帆布建築物假日還常有團體來表演。三合院前，許多人在排隊領取試吃的鳳梨酥，一人一個，外加一杯茶，店家表現出慷慨和氣度。賣鳳梨酥能賣出國際性品牌，形塑周遭環境成鳳梨風情，令人尊敬。

後來我閱報知道，微熱山丘與土鳳梨農戶發生契作糾紛，微熱山丘以過熟為由大退貨，並臨時通知減產。微熱山丘帶起土鳳梨酥熱潮，然則土鳳梨除了加工之外，沒有其它出路，錯愕，茫然，令我吃鳳梨酥覺得不復舊時味。

臺灣幾家知名的鳳梨酥品牌如微熱山丘、日出、旺來春秋、咕咕霍夫等等，都選用二號仔土鳳梨作餡料。二號仔酸度高，不適合鮮食，故常用來製作加工品，尤其是鳳梨酥，也因鳳梨酥而聞名。二號仔鳳梨啟示我們：一味追求甜其實很獃，甜中參加了酸，和外皮的酥香，乃結構出鳳梨酥魅力。

從前臺灣人瘋迷果實碩大的改良種；近年來似乎有回歸自然的趨勢，也比較能欣賞小果型鳳梨。前幾天嚐到有機「五目仔」鳳梨，驚豔它濃縮的風味：謹慎的酸，準確表現張力，襯托出層次豐富的甜，令鳳梨的甜味帶著生動的表情。

五目仔源自「金鑽」鳳梨，可謂小品種金鑽。鳳梨第一次採收後，母株會生出側芽，果實小，卻因孕育時間長，香氣、口感濃郁；由於成長非常緩慢，表現出緩慢的美學，一種從容的風韻，濃郁的自信。

現在臺灣鳳梨馳名天下，品種多，風味佳，農業科技發達，鳳梨是越來越好吃。金鑽鳳梨即臺農十七號，又叫「春蜜」鳳梨、「蜜」鳳梨、「焦糖」鳳梨；除了金鑽，目前臺灣的鳳梨品種包括：一號仔、二號仔（兩者皆俗名「突目仔」），三號仔，釋迦鳳梨（臺農四號），蘋果鳳梨（臺農六號），香水鳳梨（臺農十一號），甘蔗鳳梨（臺農十三號），甜蜜蜜鳳梨（臺農十六號），金桂花鳳梨（臺農十八號），蜜寶鳳梨（臺農十九號），牛奶鳳梨（臺農二十號），青農鳳梨（臺農二十一號，俗名「水蜜桃鳳梨」）。我尤其歡喜那些俗名，好像老朋友的諢號。

釋迦鳳梨食用時可將果肉縱剖為二或四等份，免削果皮故又稱「剝皮鳳梨」，多外銷日本。蘋果鳳梨、金鑽鳳梨、甜蜜蜜鳳梨、牛奶鳳梨都是很受歡迎的鮮食品種。

臺農十七號果衍變自「正常開英」品種，肉纖維細，果心小，甜度高，香味濃，適合鮮食。全球栽培數最廣是開英種，果目淺，易形成「花樟」，常用來製作罐頭。有些果農為了產量和外觀，恣意使用農藥、化肥和成長激素，令鳳梨失去了鳳梨味，失去綿密厚實的口感。

鳳梨連接著大航海時代，原產於巴西、巴拉圭的亞馬遜河流域一帶，經由加勒比海居民帶回中南美洲種植。相傳哥倫布第二次遠航，來到東加勒比海（小安地列斯群島中部）的瓜德羅普（Guadeloupe）島，炎炎烈日，印地安人以鳳梨款待他們，初來乍到的歐洲人初次品嚐，非常著迷。沒多久，卻恩將仇報地殺戮，掠奪。

瓜德羅普十六世紀被西班牙統治，十七世紀被法國佔領，現在是法國的海外省。環加勒比海國家的鳳梨大概以古巴為尊，古巴文化對鳳梨有特殊感情，它賦予藝術家創作靈感。早期古巴詩人，常奉鳳梨為神果，帶著神秘感，奉為最高級的仙品。十九世紀的古巴詩人卡夫列爾．德拉．孔塞蒲賽翁名作〈鳳梨之花〉：

> 生長在西印度群島上的最美麗的水果，
> 使多少人望眼欲穿的最珍貴的水果，
> ——啊！甜蜜的鳳梨，
> 它賜給我們永恆的果汁。
> 比昔日奧林匹斯山上諸神所飲的長生不老酒，
> 更為醇和、甘甜、可口。

加勒比海的鳳梨總是令我聯想芬芳的田野，翠鳥，白雲，黃昏的鐘聲，霞光，清爽的空氣，月光河流，逆風的帆，待墾的海岸，豎琴撥響海風。古巴詩人何塞·馬利亞·埃雷迪亞（1803～1839）參加革命而流亡外國，他的詩流露濃烈的故國之思：

柑桔、菠蘿和颯颯作響的香蕉——
晝夜相等的大地的兒子們
和茂盛的葡萄、田野的青松、
瀟灑的密涅瓦之樹混成一片。

密涅瓦是羅馬神話中的智慧女神，即希臘神話中的雅典娜；密涅瓦樹就是橄欖樹。

鳳梨又名菠蘿，傳到臺灣相當晚，康熙年間王士禎《分甘餘話》所載：「通體成章，抱幹而生，葉自頂出，森若鳳尾，其色淡黃」。這大概是較早的鳳梨文獻了，也僅是簡單描述其外形。王凱泰一八七五年來臺視事，有詩描寫鳳梨：「參差鳳尾聚林端，染就鵝黃秀可餐。畢竟熱中非所貴，只宜位置水晶盤」；又自註：「黃梨，一名鳳梨。味頗甘美，性熱，發病不宜多食。置之几案，尚有清香」。鳳梨的皮膚非常粗糙，表面是疙疙瘩瘩的釘眼和毛刺；裡面卻十分亮麗，有著烈日般的熱情。

從前我不愛吃鳳梨，吃過鳳梨的舌頭好像受了傷，產生刺痛感，有人說是因為鳳梨的蛋白分解酵素在作祟。我的經驗是處理鳳梨時，先用刷子洗淨外皮，瀝乾，刀子不能沾水，切頭去尾，再用彎刀削皮。

水果尚甜，「鳳梨頭，西瓜尾」，意謂那兩部位最甜，較受青睞。鳳梨頭是指連接果柄的那端。所幸臺灣鳳梨不斷改良品種，矯正酸度、刺舌的缺點。鳳梨會自然追熟，它通常初熟即上市；買回家後不必猴急，先置於通風陰涼處幾天，風味更佳。

鳳梨的閩南語諧音「旺來」，呼喚著好運道的渴望，因而常和白蘿蔔一起出現在選戰場合，象徵旺盛的好采頭和好運道。鳳梨如純情的美人，須善加對待；最不堪的際遇是供在政客選舉時的神案上，其次是放進祭神豬公的嘴裡。

它在初夏時重現江湖，黃昏的路口總是停著一輛水果攤車，上書「關廟蜜鳳梨」；市場外圍的水果攤也都羅列在明顯處，代客削了皮，套上透明塑膠袋，色澤魅麗，令整個夏天香甜，並以甜美的汁液滋潤著我的記憶。

即使是開英鳳梨或二號仔，窮孩子未必都吃得起。我唸小學時偶爾吃鳳梨心，大概是鳳梨罐頭工廠不要的；三鳳中街有攤商在賣，我放學後有時買一支，邊走邊吃，又捨不得太快吃完，連帶緩慢了回家的腳步。我記得它酸中帶著淡淡的甜味，那甜味，在我的追憶中一天比一天芳香。

# 三灣梨

六—八月

三灣高接梨重現江湖了，君郡宅配一箱贈我，果肉細膩，含水量相當高，一口咬下去是果汁四溢，幾乎無渣，水汪汪地，靈動著幸福感，委實是我吃過最美味的臺灣梨了。三灣高接梨又稱「三灣梨」，果粒碩大渾圓，表皮金黃，果核小，果肉細膩，清脆，汁多，蜜口，產期大約在每年即六月中旬至八月底。

像一年一度的甜蜜演出。三灣鄉位於苗栗縣最北端，境內山巒起伏，中港溪河道蜿蜒，在這裡形成三個大彎，三灣鄉因而得名。河流所沖積成的沃土，和優質的氣候條件，提供高接梨出眾的舞臺。

臺灣有不少地方出產高接梨，我尤其服膺三灣鄉所產，三灣素稱「梨鄉」並非浪得虛名。自從引進日本豐水梨、幸水梨等溫帶梨穗，稼接於平地梨樹高處，加上多年的接枝技術，乃培育出此新品種。水梨需重肥，產銷班透露甜美的秘訣：採用植物有機粕，敷養土地；稼接前再添各種益菌豐滿土質，並以腐植酸令根部更健康。三灣梨農皆為自產自銷，梨農大都以直銷的方式，沿臺三線三灣街段設攤銷售。路過買一些，旅途上都是上帝吻過的味道。

梨的品種多，果皮顏色各異：黃、綠、黃綠相間、褐、黃褐、綠褐、紅褐，聽說還有紫紅色。中國是梨子屬植物的起源地之一，亦是世界上梨樹品種最多的國家。梨在中土的栽培史悠久，三皇五帝時代即被視為「百果之宗」，栽培的歷史在四千五百年以上。漢．

辛氏《三秦記》載：「漢武帝園，一名樊川，一名御宿，有大梨如五升瓶，落地則破。其主取布囊承之，名曰含消梨」。《史記》、《廣志》、《西京雜記》、《洛陽花木記》及《花鏡》等古籍中，也都記載梨的許多品種，如蜜梨、紅梨、白梨、鵝梨、哀家梨等品種名，至今沿用。

這種水果深入文化，予人一種珍貴感，珍惜感。孔融讓梨讓出一種普世美德。禍棗災梨則稱濫刻沒有價值的書籍，帶著環保意識。《紅樓夢》二十八回敘述寶玉、馮紫英、蔣玉菡、薛蟠、雲兒等人飲酒行令，席上有梨，寶玉拈起一片梨，酒底便是「雨打梨花深閉門」。南北朝詩人庾信〈奉梨詩〉歌詠：「接枝秋轉脆，含情落更香。擎置仙人掌，應添瑞露漿」，顯見世人多愛梨。

西門慶嗜梨，也曾以梨佐酒，《金瓶梅》多次提到梨，第四回敘述喬鄆哥提著一籃雪梨滿街找他。第三十一回西門慶做了提刑所千戶，又逢兒子滿月，在家裡設宴慶祝，「堂客正飲酒中間，只見玉簫拿下一銀執壺酒，并四個梨，一個杯子，徑來廂房中，送與書童兒吃」。西門家宴上的梨，可能就是萊陽梨，又稱茌梨，果實呈卵圓形，皮薄果大，肉色潔白，肉質細緻，脆嫩多汁而無渣。

除了果形不同，茌梨的滋味接近三灣梨。《聊齋．種梨》的故事很有意思，一個道士破巾絮衣，跟攤商討梨吃，糾纏不去，有人看不下去，買了一個給他吃，吃完了將梨核埋入地裡，「向市人索湯沃灌。好事者於臨路店索得沸瀋，道士接浸坎處。萬目攢視，見有勾萌出，漸大；俄成樹，枝葉扶疏；倏而花，倏而實，碩大芳馥，纍纍滿樹。道人乃即樹頭摘賜觀者，頃刻向盡」。這株梨樹很像英國童話《傑克與豌豆》（*Jack and the Beanstalk*），都帶著說教勸世的意旨。

那賣梨的鄉人雖則吝嗇惹人厭，畢竟是私人財產，是自家營生的資本；兀那妖道，丐梨不果，就用乾坤大挪移將鄉人的梨轉移到樹上，再分送給圍觀者，如此施法整人，未免卑鄙可惡。

它總是清脆香甜。梨花則潔白淡雅，自古是騷人墨客歌詠的對象，諸如白居易「玉容寂寞淚闌干，梨花一枝春帶雨」，以梨花比喻楊貴妃的皮膚；李白「柳色黃金嫩，梨花白雪香」；岑參「忽如一夜春風來，千樹萬樹梨花開」；劉方平「寂寞空庭春欲晚，梨花滿地不開門」；蘇東坡調侃朋友八十歲時娶了十八歲的妾：「十八新娘八十郎，蒼蒼白髮對紅妝。鴛鴦被裡成雙夜，一樹梨花壓海棠」……

至於洛夫〈午夜削梨〉，以韓國梨的表皮顏色喻黃種人，感喟南北韓的歷史傷痛，召喚朝鮮族和漢族的情感：「那確是一隻/觸手冰涼的/閃著黃銅膚色的/梨/一刀剖開/它胸中/竟然藏有/一口好深好深的井」。然則洛夫似乎未聞梨之味，他念茲在茲的是民族情感。

民間咸信，常吃梨的人感冒機率較低，被視為全方位的健康水果。梨有清肺養肺功能，能止咳、去熱，用梨汁煮成的「梨膏糖」就用來止咳。清．王士雄《隨息居飲食譜》說它「潤肺清胃，涼心滌熱，息風化痰已嗽，養陰濡燥，消癰疽，止煩渴」，贊為「天生甘露飲」。

《紅樓夢》八十回提到寶玉到天齊廟燒香，詢問王道士可有醫治婦人妒病的方子？王道士胡謅「療妒湯」：「用極好的秋梨一個，二錢冰糖，一錢陳皮，水三碗，梨熟為度，每日清早吃這麼一個梨，吃來吃去就好了。」王一貼也算誠實，補充說：「一劑不效吃十劑，今日不效明日再吃，今年不效吃到明年。橫豎這三味藥都是潤肺開胃不傷人的，甜絲絲的，又止咳嗽，又好吃。吃過一百歲，人橫豎是要死的，死了還妒什麼！那時就見效了。」

從前削梨切片後都先泡鹽水，防止水梨變黃；現在的梨越來越美味，削一個就猴急吃完，來不及令它變黃矣。

除了鮮食，梨還可釀酒、製醋、作果脯，亦可入餚。袁枚在食單中記載了一道梨炒雞：「取雛雞胸肉切片，先用豬油三兩熬熟，炒三四次，加麻油一瓢，縴粉、鹽花、薑汁、花椒末各一茶匙，再加雪梨薄片、香蕈小塊炒三四次起鍋，盛五寸盤。」現今杭州菜中就有一味鴨梨炒雞片。

《詩經．晨風》最後一段：「山有苞棣，隰有樹檖，未見君子，憂心如醉。如何如何，忘我實多」。棣，即梨樹；山上有結實纍纍的梨樹，山下有茂盛的樣樹，愛人離我而去，心中憂傷如醉酒。

世人多嚮往果實碩大、體圓、皮薄、肉厚、色佳、汁多、味香甜的梨。皮薄，甜嫩多汁，是人類為了美味而培育出來的。野生梨果徑較小，長在雜蟲叢生的山野，發展出自我保護的機制。

李輝英〈故鄉的山梨〉提到野生山梨：「不像一般梨子那樣甜蜜可口；皮嫩如膏，反之，它倒是一身酸味，皮厚得像一層老布」；「外皮雖然粗糙異常，但它的內中肉瓤卻又嫩又甜，比起本地生梨和天津鴨梨要細緻多，而且又富有水分，剝了皮，一口就全吃淨吮乾了」。無論什麼梨，近核心處不免帶著酸味。俗話說「蓮子心中苦，梨兒腹內酸」，我猜想那酸味，蘊含著追憶之味，懷念之味，久久不散，在口舌間，在心靈間。辛酸的往事特別不易忘記。

我曾經獨自來到三灣山谷中的巴巴坑道，這座五十餘年的老礦坑，如今轉型為休閒礦場，懷舊實景礦區設計成咖啡區，餐飲區，民宿，森林步道。從前交通不便時，三灣人為往來旅人備置茶亭，綠蔭下奉茶，歇腳，透露珍重的意思。

也曾經和家人夜宿南庄「水雲間」民宿，晚餐的套餐樸素而誠懇，飯後啖水梨，泡茶聊天。清晨走出木屋，雲霧繚繞山巒，面對著山青水秀啜飲咖啡，天地靜謐，似乎離夢想很近。

# 巨峰葡萄

全年，各季節不同品種

我在南機場社區吃過虱目魚離去時，老闆娘贈送一盒「津味果園」的巨峰葡萄，說是純淨有機的葡萄，邱老闆接話說：「踢館啦！」意思要我試試這果園所產。暑假了，忠義國小已不見學童，週末清晨的陽光穿透樹隙，又整片傾入水果攤。這一天清晨因為手上提了一盒葡萄而覺得步履輕快，而顯得日子甜美。那葡萄果然碩大結實，甜度很高，果香甚濃。

巨峰葡萄是日本人所培育。一九三七年，日本農學者大井上康將日本岡山縣的「石原早生」和外國葡萄交配，培育出這種色澤深紫、外形碩大、果粒圓潤、甜度高、彈性佳、果肉飽滿厚實的混血種。除了日本，美國加州、智利、新疆也都有出產；臺灣是六〇年代自日本引進，主要產地在彰化縣大村鄉、溪湖鎮、埔心鄉，和苗栗縣卓蘭鎮、南投縣信義鄉、臺中縣新社鄉。

大村鄉約有五百甲葡萄園，由於氣候溫暖乾燥，土質鬆軟而肥沃，適合葡萄生長。大村鄉巨峰葡萄的主要栽種地分布於過溝、南勢、加錫、茄苳、貢旗、田洋等村。「陳家果園」所植巨峰葡萄是喝牛奶長大的：用回收的豆漿、牛奶、羊奶、優酪乳灌溉，以補充葡萄樹的營養。葡萄樹那麼會生產，確實需要好好地補充營養。南勢村「奈米休閒農場」用巨峰葡萄製作九重粿，還餵土雞吃葡萄，號稱「葡萄雞」。

「甜美果園」裡有兩株號稱是全臺最高壽的巨峰葡萄樹，種於一九六四年，樹莖粗壯，它們在過溝村開枝散葉，子嗣綿延遍及彰化、臺中、南投，據說年輕時生育過多，現在雖則還能開花結果，卻已是年邁體衰；這兩株巨峰葡萄的母欉，徹底改變了地方產業生態。

沒有任何水果能像葡萄，如此深入人類文化的核心。似乎葡萄園都有自己的故事，像彰化縣埔心鄉「古月農場」的葡萄藤下，有上百隻雞、鴨、鵝和火雞巡迴啄蟲食草，令葡萄園和飼養的雞鴨鵝共棲共榮。臺中縣新社鄉「白毛台」海拔約六百米，其冬果生長期日夜溫差常達15℃以上，也是用有機肥液、牛奶、黃豆粕、米糠、益菌一起發酵施肥。

整個彰化縣可謂臺灣最重要的葡萄產地，種植面積佔臺灣葡萄園44%，意即臺灣每兩顆葡萄就有一顆產自彰化。我很難想像那個番薯囝仔沒吃過巨峰葡萄？從小吃到大，只覺得它好吃，理所當然地美味；直到廣泛涉獵養生飲膳的資料，才知道它是多麼有益人體。

葡萄有一種天然的聚合苯酚物質，能結合病毒或細菌蛋白質，令其失去致病力；葡萄中的白藜蘆醇化合物質，可阻止正常細胞癌突變，並抑制癌細胞擴散。此外，還能防治動脈粥樣硬化、惡性貧血，和消除疲勞、興奮大腦等等。

臺灣消費者越來越重視食物的安全健康，果農對品質的自覺意識遂相對提升，許多葡萄也套了袋，農藥殘留量日益降低。「津味」的葡萄均套袋處理，有效降低病蟲害及污染，果皮光亮鮮豔。我整箱購買後，就用報紙分串包裹，再套上塑膠袋放進冰箱冷藏，吃的時候用水逐顆清洗便可連著皮一起下肚，不必像從前那樣神經兮兮地用力搓洗，往往磨破了葡萄皮。

至於浸泡鹽水，並無滌除農藥之效，反而會造成軟果，不足為訓。葡萄皮上的果粉，常被誤會成骯髒塵垢或農藥，其實那是好東西，帶著健康的暗示。倒是挑選時要挑無腐爛、無蟲害者，也要選無藥斑、無脫粒的葡萄。

巨峰葡萄是鮮食的葡萄，不適合釀酒，二林鎮盛產的「金香」、「黑后」，可能是目前臺灣最適合釀酒的兩種葡萄，前者用來釀白葡萄酒，後者用來釀紅葡萄酒。尤其是金香，我很歡喜的樹生酒莊「冰釀甜酒」即是用金香白葡萄釀造，酒色呈淡金，酒質輕淡，甜度不高；另一款「金香白葡萄酒」經不鏽鋼儲存槽七個月熟成，酒色淡黃略帶青綠，清香優雅，溫和平順。

二林鎮內有六十幾間酒莊，已發展成臺灣的酒鄉，假以時日，極有潛力躍上國際舞臺。臺灣開放民間釀酒後，農村酒莊迅速成長，短短幾年已有可觀的初步成績，正式宣告釀酒工業起跑。這些農村酒莊多在山水明媚的地方，它們除了年輕、充滿追求的活力和可塑性，還有一種共同的趨勢：結合休閒旅遊。

溪湖鎮號稱「羊葡小鎮」，意為盛產羊肉爐和葡萄，我曾在溪湖「百豐酒莊」品飲其得獎作品「經典頂級紅酒」；也曾在「楊仔頭羊肉店」大啖全羊席時，東道主鄭重拿出這款紅葡萄酒待客，可見本土的葡萄美酒已深入彰化人的日常生活。

日前幾個香港美食家來臺北，大家聚會於中和的餐館，老闆拿出私釀葡萄酒待客，喝了一口，朋友們同聲驚呼：是的，就是我們小時候喝過的私釀葡萄酒。這種葡萄酒已成為我們這些中年人的集體記憶，在夏天，葡萄盛產時，洗淨玻璃瓶罐和葡萄，拭淨風乾，一層葡萄一層砂糖，九分滿時封存，待過年時開封品飲。那種葡萄酒自然甚甜，甜得很適合還不懂葡萄酒的臺灣人；那些釀酒後的葡萄殘渣成為零食，足以醉倒每一個孩子。

我自幼失怙，寄養在大阿姨家，有一個風狂雨暴的颱風夜，幫助大人將洗淨的葡萄擠進玻璃罐裡，等待過年時享受私釀葡萄酒的滋味。我一生都會記得那滋味，如何安慰一個憂鬱的孩子。

臺灣的巨峰葡萄年可兩收，夏果盛產期在六月～七月，到九月還吃得到；冬果的盛產期是十二月～一月，十一月就有，二月還有得吃。巨峰葡萄的身影漸去漸遠，我像等候戀人般等待重逢。

# 蜜紅葡萄

夏果六—九月、冬果十一—一月

李昂宅配來一箱「路葡萄隧道農場」的蜜紅葡萄，猛然醒悟，啊，蜜紅葡萄開始採收了。

這種由「金香」葡萄接種改良而來的混血兒外形渾圓，果粒大，色澤豔紅，表皮有均勻的果粉。果肉比巨峰葡萄、黃金葡萄都更細嫩多汁，香氣更濃郁，帶著獨特的蜂蜜風味，餘韻中還透露輕淡的白蘭地香，相當迷人，堪稱臺灣葡萄中的逸品。

蜂蜜真是好東西，水果有了它的氣味，彷彿就有了另一番境界。柏拉圖襁褓時，有一天被母親放在香桃木叢中，蜜蜂適時來了，它們把從山上花朵採來的蜜，塗在嬰孩的嘴唇上，圍著他嗡嗡叫著。很多人認為這是一則預言，表示這位希臘哲學家將有神奇的口才。

可惜蜜紅照顧不易，易掉果、裂果，產量少，栽培技術門檻高，種植面積遠不如巨峰葡萄，也相對不耐久放，不堪長途運送。由於生長時有套袋管理，因此只要以清水沖洗即可享用，我覺得冰鎮後風味絕佳。蜜紅葡萄還有一種流暢感，吃的時候不像美國加州葡萄需費心剝皮，只要輕輕一擠，香甜多汁的蜜紅葡萄即溜入嘴裡。

鮮食葡萄是臺灣重要的經濟果樹，以內銷為主，「巨峰」葡萄幾乎是一統江湖了，約佔97％，一年兩收。巨峰的夏果期在六月～八月，屬正產期；冬果在十一月～翌年二月。不過部分果農調節產期，並以塑膠布防寒，現在臺灣全年都能生產葡萄。

我讀資料知道，蜜紅葡萄是八〇年代初期才由中興大學研究團隊引進，試作，一九九〇年開始在大村、埔心、溪湖、信義、新社、石岡、東勢及卓蘭等鄉鎮試種，起初，農民不了解其生育特性，無法達到經濟栽培之目標，致許多農戶將蜜紅葡萄砍除改種巨峰葡萄。蜜紅葡萄之新梢生長勢強，枝徑粗大，葉形大而厚，葉色濃綠，果穗上著果粒不平均，果粒含種子數不均勻，果粒大小不一致，需有效疏花、疏果。是臺灣的農業科技，不斷提升蜜紅的品質。

如果世間沒有葡萄，人類文明將多麼貧困。我偏執地認為，法國、義大利之所以迷人，是因為有廣袤的葡萄園；古希臘戲劇之所以迷人，莫非是狄奧尼索斯（Dionysos）加持。臺灣之栽培葡萄甚晚，一九五三年菸酒公賣局推廣釀酒用葡萄，才開始大量種植。

明．馮琦〈葡萄〉一詩歌詠了中國葡萄的來歷，和葡萄酒的美味：「晻曖繁陰覆綠苔，藤枝蘿蔓共縈回。自隨博望仙槎後，詔許甘泉別殿栽。的的紫房含雨潤，疏疏翠幄向風開。詞臣消渴沾新釀，不羨金莖露一杯」。

我在吐魯番葡萄溝品嚐過無核白葡萄、馬奶子、喀什哈爾等多種葡萄，信步葡萄架下，隨手摘取鮮葡萄品嚐，邊吃邊欣賞維吾爾人彈琴唱歌跳舞，至今引為生平快事。葡萄溝峽谷位在火焰山西側，崖壁陡峭，溪流清澈，葡萄園就在溪流兩側，引天山雪水灌溉，那幽邃的葡萄長廊經常浮沉於腦海。然則我必須說，臺灣的蜜紅，夏果甜度約在二十度，冬果甜度約二十～二十二度，論風味氣息、論風姿體態，絲毫不遜於吐魯番的無核白葡萄或馬奶子。

一九八九年我到了北京，特地去拜訪汪曾祺先生，他正在書房作一幅畫要送我，吩咐在客廳稍坐。汪太太端來一盤葡萄待客，很得意地對我說：「臺灣沒有這種水果吧」。

蜜紅僅適合鮮食，不適合釀酒，目前主要憑葡農直銷，「阿信葡萄迷宮」、「麗水農場」所產亦我所欣賞，阿信的葡萄每一盒都附無農藥殘留檢驗合格報告。蜜紅，彷彿是一個美麗的村姑名字，產期分夏、冬兩次，夏果在六、七月時採收，冬果在十二月，比巨峰葡萄略早採收；賞味期短，須把握良機。它似乎提醒世人，人生太苦太短，要珍惜一切美好的時光。

# 釋迦

七—二月

剛抵達豐年機場，齊儒老師已等在門口，遞過來一盒釋迦果，一盒地瓜酥。喜出望外。臺東人之熱情待客，如釋迦甜美迷人。

追溯起來，是荷蘭人給臺灣農業奠下的根基；荷據時期引進釋迦，種植已超過四百年。早年鮮見史料記載。乾隆年間，范成纂修之重修臺灣府志云：「佛頭果，葉類番石榴而長，結實大如拳，熟時自裂，狀似蜂房，房房含子，味甘香美；子中有核，又名番荔枝」。清末連橫《臺灣通史．農業志》載臺灣之釋迦果「種出印度，荷人引入。以子種之二、三年則可結實。樹高丈餘，實大如柿，狀若佛頭，故名。皮碧、肉白、味甘而膩。夏秋盛出」。目前培育的品種大多為土釋迦、鳳梨釋迦、軟枝釋迦、大旺釋迦。

當年沈光文目睹臺灣鄉野釋迦果，心生感觸，通過移情作用，作〈釋迦果〉：「稱名頗似足誇人，不是中原大谷珍。端為上林栽未得，只應海島作安身。」他所吃的釋迦，風味應遠遜於時下。

釋迦是一種聚合果，每粒果實由許多小果實組成，每一小果實都有一凸出的鱗目果皮，其間的組織相當嚴密，果實裡的酵素又有效軟化其組織，令它鬆軟，成熟時微裂，用手一撥就開。

釋迦除了襲用佛名，其形相貌似佛頭，歷來騷人墨客歌詠不乏兩者類比，施鈺（1789～1850）〈釋迦果〉繞著佛陀吟詠：「誰增梵果列禪房，青實端如寶相莊。佛在西華蕃種子，何年杯渡現臺陽。」另一首又云：「樹幻菩提果幻形，旋螺真比佛頭青。」那黃綠色的果實形似佛陀的頭，又像放大十數倍的荔枝。

詩人吳懷晨頌釋迦為「綠金」，描寫它遍布都蘭山腳、太平溪岸、太麻里，也以佛頭為喻，描述鱗目一粒粒突起：「款款音容／顆顆真跡／無大不大／一粒粒／目合沉思／纍纍苦修／大日照臨下／無通不通／恐大目不得如來／不得／離苦之道／不得／順利落蒂／則不得／功德成就／入你口我口／入你胃我味／釋迦尊者／一盒一百／現吃／現渡／」，詩中飽滿機趣和幽默。

它是臺東最主要的經濟果樹，據說卑南溪畔的石頭皆是含大量石灰質的變質岩，這種帶著鹼性的石頭，提供釋迦生長大量需要的營養物，乃釋迦果合成甜度之所需。果農通過矮化樹型，調節產期等技術，令果形大，供果期長，臺灣人的生活中遂常有美味。

釋迦原產於熱帶美洲，又稱番荔枝、番鬼荔枝、佛頭果、亞大菓子、林檎、洋波羅、假波羅、唛螺陀等等，會有「番」字自然是因它引自番邦，像新住民，適應了臺灣，並成為臺灣特產；尤其是臺東的風土條件，品質最優，臺灣釋迦絕大部分產自這裡，特別以卑南鄉最多。出產那麼多優質釋迦果，難怪他們有優越感；卑南族朋友孫大川對我最大的稱贊是：「焦桐，你很有才華，一定有我們卑南族的血統。」

上次參加臺東詩歌節，在鐵花村觀賞外籍配偶歌唱表演，十分感動，她們成為臺東媳婦，融入社會似乎比其它地方都更好。

臺灣人都有豐富的吃釋迦經驗，知道釋迦未軟熟前勿放入冰箱，否則發生後熟障礙，會變得又黑又硬的「啞巴果」。成熟了則要趕緊吃，否則會快速發酵，帶著酒味。

我從小愛吃釋迦，取食方便，果肉細白，口感綿密，香味甚濃，甜中帶著輕度的酸，修飾了頗高的甜度，那甜起初不易察覺，終於覺得過度熱情，令我這種血糖值高的肥老頭難以消受；如今雖仍喜愛，卻明白自己沒資格太親近，愛得放不開。

# 龍眼

七—九月

樹梢上結實纍纍的龍眼誘引饞涎，我腳踏枝枒交叉處慢慢爬上去，樹幹有蟻隊奔忙，也有幾隻介殼蟲行走。夏日午後，南風斷續吹拂，外婆捧著飼料走過樹下，撮嘴叫喚四散的雞群來啄食。頭頂上幾串龍眼密密麻麻，似乎伸手可及，日光閃過葉隙，腳剛踏上一截枯粗枒，就應斷裂聲從樹上摔下來。疼痛，卻不敢哀叫。

我懷疑那次也摔壞了頭，不然在學成績豈會那麼糟？上小學的前一年，我結束了和龍眼樹的親密關係，那時候我可能就已經覺悟，缺乏爬樹的天份，缺乏一切運動的細胞。

龍眼樹的樹皮會有細條裂狀剝落，即使還年輕，也是顯得老態。其果核黑色，形似眼珠，故稱龍眼；又因它成熟時恰逢桂花飄香，俗稱桂圓。其它別名很多：桂元、福圓、龍目、圓眼、益智、比目、亞荔枝、荔枝奴、驪珠、燕卵、蜜脾、鮫淚、川彈子。

漢代以降，騷人墨客就常並稱龍眼、荔枝，兩者除了產區一致，樹形樹葉也像。不過龍眼總是位居老二，甚至被稱為「荔枝奴」，《番禺雜編》：「龍眼，子、樹、葉俱似荔支，但子圓小，止淡黃一色，廣人多呼為亞荔支」。《南方草木狀》載：「龍眼，樹如荔支，但枝葉梢小，殼青黃色，肉白而帶漿。一朵五六十顆，作穗，如葡萄然。荔支過即龍眼熟，故謂之荔支奴」。明．王象晉有兩首詩贊頌龍眼，其中一首極言其美：

何緣喚作荔枝奴，艷冶豔姿百果無。
琬液醇和羞沆瀣，金丸玓瓅賽璣珠。
好將姑射仙人產，供作瑤池王母需。
應共荔丹稱伯仲，況兼益智策勳殊。

清嘉慶年間，旅臺福建人吳玉麟作〈龍眼〉，料想是從王象晉脫胎而來：「黃裡裹冰膚，纍纍若貫珠。誰將龍刮目，未許荔稱奴。益智神能健，清心暑可驅。更憐嘉樹蔭，霜雪總無殊」。當老二有什麼關係？不強出頭，隨緣隨分，虛心成長。

好像甜蜜的接力賽，龍眼產季緊接在荔枝之後，宋．楊萬里〈西園晚步〉云：「龍眼初如菉豆肥，荔枝已似佛螺兒」，這兩種水果令夏天顯得更加明媚。

大部分水果的果肉都緊緊包覆著果核，如南洋水果蘭撒（duku langsat），往往吃了果肉順便就嚼到果核。龍眼和荔枝很聰明，除了蒂頭，果肉與果核總呈半分離狀態，非常方便吞食，有利於撒播種籽。

雖則被相提並論，兩者仍頗有差異：荔枝從初生的綠色到成熟的紅色，隨成長過程而變化；龍眼則始終土褐色，維持初衷。荔枝的果形像心臟，尾部稍微尖突；龍眼則是圓形。龍眼比較固執，初生小龍眼就有一層薄肉包裹著種籽，慢慢隨著歲月增長；小荔枝一開始僅果皮包覆種籽，沒有果肉，種籽成熟後，假種皮才由種柄處生長，快速膨脹，包覆起種籽。

鮮食以荔枝較名貴，曬乾後則桂圓為尊；荔枝乾可壯陽火，龍眼乾饒具食療效益，能安神養血。可惜已無緣於我這種體質燥熱、痛風、高血糖的糟老頭了。

蘇軾〈廉州龍眼，質味殊絕，可敵荔支〉亦視兩者系出同源，喻兩者如柑、橘：

龍眼與荔支，異出同父祖。
端如甘與橘，未易相可否。
異哉西海濱，琪樹羅玄圃。
纍纍似桃李，一一流膏乳。
坐疑星隕空，又恐珠還浦。
圖經未嘗說，玉食遠莫數。
獨使皴皮生，弄色映琱俎。
蠻荒非汝辱，幸免妃子污。

東坡居士為文作詩一向擅比喻，〈荔枝龍眼說〉一文認為荔枝吃起來像「蝤蛑大蟹」，而龍眼吃起來彷彿「彭越石蟹」，這種以果肉多寡為喻的辦法容易理解。

就讀輔大比較文學博士班時，曾邀請小說家黃春明來課堂上演講，那場演講他敘述和弟弟拿著空罐頭撿龍眼籽玩，被急急叫回彌留的母親病榻前，未等母親開口，即獻寶般展現半罐龍眼籽：「媽媽你看，我撿了這麼多的龍眼核哪」。幼年黃春明，沒意識到這是告別的最後一句話，「長大後每看到龍眼花開，我就想，快到了。當有人賣龍眼，有人吃著龍眼吐龍眼核的時候，我就告訴自己說：媽媽就是這一天死的」。

我的龍眼經驗也屬於童年。因為想吃龍眼從樹上摔下來，負傷走向求學路程。沒料到童年從龍眼樹上摔下來扭傷了腳踝竟會糾纏了我一輩子，幾十年來總覺得右腳踝透露著古怪，不痛，不痠，明顯的是內側骨頭凸起，右腳的鞋較易磨損。那是一則隱喻嗎？一種無法修復的甜蜜的傷。

# 文旦柚

八—十月

中秋前，我向麻豆鎮農會訂購十箱文旦柚，再零星買了幾箱鶴岡文旦、斗六文旦，和八里穀興農場的黃金文旦柚。秋天若缺乏文旦柚，真不知日子會如何乏味？這些文旦柚大多美味；然則整箱購買有時得靠點運氣，畢竟集中了各個產銷班的產品，口味多有不同；又非一個個親自挑選，難免良莠不齊。

文旦柚呈底部寬的圓錐形，個頭較普通柚子小，果皮為輕淡的黃綠色，果內是淡黃近透明。選購時要注意體型必須豐滿，皮膚清潔光滑，色澤要亮麗，油囊細緻，拿在手上掂掂要顯得沉實者。

柚子的故鄉在亞洲，行蹤鮮見於歐美。臺灣文旦柚的產地越來越廣，像傳遞芳香的聖火，從臺南一路往北，到了花東海岸，全臺開花，主要產區是臺南市、苗栗縣、花蓮縣，尤以花蓮產區的規模最大。花蓮瑞穗鄉的文旦柚園屬鶴岡村的品質最好，七〇年代以紅茶聞名，紅茶沒落才轉營文旦，堪稱後起之秀。

東臺灣的文旦產期略晚於西部。吃來吃去，我猶原偏愛麻豆文旦。相傳臺灣的文旦在一七〇一年由福建漳州引進，起初種植在臺南安定附近，道光年間，麻豆人郭藥（郭廷輝）用白米換了六株文旦樹，種植在尪祖廟，果肉柔嫩飽滿，果汁多而鮮甜，擴及全鎮後名揚天下，曾進貢給清帝品嚐，也曾被指定為日本皇室御用，從而確定了麻豆文旦的地位。

文旦也講究風土條件。八里鄉有多條溪流交錯，上游的沖刷搬運形成沖積平原，土質鬆軟，富含有機質，極適合文旦柚生產。麻豆鎮亦屬古河道地質，曾文溪沖刷出來的土壤富含大量礦物質與有機質，是微量元素均衡而充足的砂質土，加上日照、雨水都充足，栽種出來的文旦特別清甜，一般公認品質最優良，價格也最高。

口碑佳的老欉麻豆文旦通常還在樹上就已被訂購一空，有些人更是整株購買。麻豆文旦遠近馳名，冒名者眾，農會遂推出「柚之寶」商標，紙箱上印有柚子寶寶騎單車圖樣，經過認證的文旦每粒有一定的重量、甜度、成熟度和外形。二〇一〇年，「麻豆文旦」正式登記、執行產地認證標準，確定產地在麻豆，並符合甜度標準。

產銷履歷驗證是值得全面推廣的制度，麻豆農會集中了許多果樹產銷班，口碑好的包括一品柚園、老農果園、杞果園、清泉果園、宏吉果園、梁家文旦等等，他們都全程使用有機肥，並盡量以人工除蟲害。短視的柚農則多依賴除草劑以降低病蟲害、增加產量，造成土質劣化。我想像有一天，臺灣不再使用農藥，土地將會多麼快樂。

我曾在木柵舊居的後院種植一株柚樹，十年僅收成兩粒果實，果皮上都顯見椿象、果蠅肆虐的痕跡，難產的經驗傳為鄰居笑談，實為生平恥辱。哎，如果我早一點讀到花蓮農業改良場印的《文旦柚有機栽培》，就略懂防治病蟲害和土壤培肥管理了。

柚樹約四歲即開花結果，年輕的柚樹生長態勢強，根系發達，枝葉繁茂，所生的果實較碩大，皮層較厚，果肉卻顯得粗糙乏汁，偏酸。樹齡十年以上的文旦才漸入佳境，樹齡越高結果越多，品質也越好，三十年以上樹齡的老欉所生堪稱為頂級文旦；蓋老樹的根系已趨穩定，枝葉也不那麼茂盛了，所吸收的養分多注入果實中，果肉細緻甜美，風韻成熟。不過樹齡三十年以上的麻豆文旦不多，農民只賣給固定的老客戶，擁有老欉文旦樹的農民，顯然是非常值得交往的朋友。

老欉所生的文旦柚蒂頭部分較尖，味道較佳，年紀越大所生的文旦柚越小，果皮越薄，果肉綿密、清甜，種籽較少較小，像老得漂亮的人，皮膚雖然多皺，卻歷盡了生活的淬鍊，蘊藏的智慧更加飽滿。

板橋人氏林景仁（1893～1939）遊歷多國，久客廈門，念念不忘家鄉的文旦柚，詩詠：

內挾冰霜色，質原渺小軀。
蜜甘欺楚澤，斗大笑成都。
白藕自稱儷，黃柑永作奴。

憐他成枳者，氣味卒然殊。

一方面嘲笑成都的柚子大而無味，又述楚地雲夢澤所產的柚子素有盛名，林景仁旅遊當地，覺得遠不如文旦柚。

我不贊成一味強調文旦柚的甜度，美味程度在於甜度和酸度的比率完美，微酸，清甜，香氣獨特才是我們對文旦柚的期待。文旦合理的糖度不應超過十二度，為了更甜而調整肥料使用，會傷害柚樹。

文旦真是好東西，不僅富含維他命C、礦物質、酵素、果膠，中醫書說柚子能消食、去腸胃氣、解酒毒。尤其大量的膳食纖維，有效促進胃腸蠕動，臺灣俗語：「吃龍眼放木耳，吃芭樂放槍籽，吃柚子放蝦米」，可見吃柚子所放的屁最嗆。跟著放出來的臭屁，好像進行過體內大掃除，滌清腸道，通體舒暢。此外，柚花可製造沐浴乳、面膜、洗髮精，柚皮放進冰箱可除臭；我童年時住鄉下，外婆輒曬乾柚皮，刨絲，用來薰香驅蚊。

我最美好的文旦經驗，是剝給女兒吃，你一瓣我一瓣，吃得嘴角流汁，父女邊吃文旦邊聊天。我明白這樣甜蜜的時光並不長，她們很快就長大了，不再需要爸爸效勞了。

文旦柚在常溫下可貯藏兩三個月，還有什麼水果比它更長壽？其表皮經「辭水」乾縮顯皺後，肉質更柔嫩香甜。節氣已過寒露，文旦柚離我們遠去時，接力般，紅文旦、白柚、西施柚紛紛進入了產季，最後登場的是晚白柚。

# 西施柚

十月中—十二月

雨令憐憫我饞嘴，寄來一箱西施蜜柚，說產自嘉義蘭潭附近的柚子園，附言：該柚園有蘭潭早晚的霧氣再加上入秋的白露，故柚肉多汁。拿在手上相當沉，果皮的油胞細緻光滑，一看就知道果汁飽滿。剝來吃，甜味甚強，甜中透露輕微的酸，果肉厚實，咬下去竟大量爆漿，噴濺了滿臉。

被稱為蜜柚是因甜度高，品種甚多，西施柚是其中一種，外觀為扁球形，果面光滑呈淡黃綠色，絨層略帶粉紅色，白裡透紅。大概是色澤太美，遂賦予古代美人的名字。大約一九八五年自泰國柚嫁接繁殖，適合南部平地種植。

柚是果形最大的柑橘類，原產馬來亞、東印度群島，後來擴展至中國南方和印度，歐美則栽培較少。柚子總是生長在熱帶和亞熱帶，柳宗元〈南中榮橘柚〉贊道：「橘柚懷貞質，受命此炎方」；張九齡〈別鄉人南還〉也說：「橘柚南中暖，桑榆北地陰」。柚子滋味自古即受到肯定，《呂氏春秋．本味篇》載：「果之美者：沙棠之實；常山之北，投淵之上，有百果焉，群帝所食；箕山之東，青鳥之所，有甘櫨焉；江浦之橘；雲夢之柚」。

臺灣有二、三十種柚子，除了路人皆知的文旦、白柚、西施柚、紅柚，另有盤谷文旦、石頭柚等等，品種越來越多。西施柚不像文旦需要較長的辭水時間，成熟上市後風味即佳。

白柚、西施柚又是製作沙拉的好材料，我曾在家作來孝敬女兒：烤熟墨魚，切小塊；鮮蝦燙熟，剝殼，去泥腸，對切；柚肉去筋膜，掰小片；加入生菜葉、洋蔥絲、花生碎、檸檬汁、橄欖油、巴薩米克醋。

古人常橘柚不分，古詩橘柚常並稱，諸如宋．陳克〈南歌子〉：「勝日萱庭小，西風橘柚長」。唐代杜甫〈十七夜對月〉云：「茅齋依橘柚，清切露華新」；謝良輔〈狀江南．孟冬〉：「綠絹芭蕉裂，黃金橘柚懸」。

王昌齡貶龍標尉時，作〈送魏二〉：「醉別江樓橘柚香，江風引雨入舟涼。憶君遙在瀟湘月，愁聽清猿夢裡長。」柚子飄香的季節，在臨江的酒樓上餞別朋友，江風江雨增添了離別的淒清惆悵。

我尤其對李白〈秋登宣城謝眺北樓〉很有感觸：「兩水夾明鏡，雙橋落彩虹。人煙寒橘柚，秋色老梧桐」。一九八九年，我初履中國大陸，到宣州採訪的前一夜，我在合肥問人家：「宜州遠不遠？」「不遠不遠，搭汽車七個小時就到了」。七小時？我暗忖，若從基隆駕車向南，七小時已經駕入巴士海峽了。來到這裡，對距離的觀念也存在著距離。我不敢怠慢，拂曉即離開旅店，街上微寒，曉霧迷濛。我搭上一輛沾滿泥污的客運車，車頂載著貨物和較大的行李。

宣城地處皖南，六朝以降即是人文薈萃之地，李白就曾經七遊宣城，對這裡的風土人情感受特別深刻。我走在這座小城的街上，歷史知識灌溉著想像，臆測著這條道路很像李白當年落拓江湖行過的道路，那條彎路極可能是他醉酒時踉蹌走過的，走著走著，思維裡不免出現許多古詩的浮憶。敬亭山在附近，謝眺樓應該也在左右，對一個飽嚐挫折和打擊的天才，被生活拋到深山之後，山所啟示的，大約是雲淡風輕後那片廣闊的天空，高遠的名山，幽靜的柚子園。

相看兩不厭的山，寧謐的柚園，撫慰了政途失意的詩仙；那是悲欣交織，酸甜雜陳的滋味。

起初我覺得西施柚太湯湯水水，不像文旦整顆吃完了還乾爽俐落。西施柚的甜度甚高，甜中隱而不顯的是酸；那酸味非常含蓄，似乎刻意矮化自己的存在，僅專注於修飾甜度，令甜不致於太武斷，太蠻橫。

老欉柚樹，才會結出又大又沉又甜又優雅的西施柚。柚子出現，象徵暮秋般年華漸老；吾人飽嚐了生命的風霜雨露，心智逐漸成熟，往往才體會甘甜中的酸味，也才欣賞酸中有甜，甜蜜中透露著酸。

# 愛玉

八—十一月

逛嘉義文化夜市，酷熱，焦躁，坐下來吃檸檬愛玉凍。才喝下去，帶著檸檬的微酸，和著愛玉凍的沁涼，柔嫩地滑過食道，深深吐一口氣，好像置身阿里山，群山環繞，石壑高深，碧草青青的氣味彎彎曲曲，充滿心神。

愛玉產量不多，坊間所售愛玉多用果凍粉加水仿製，快速，成本低。攤檯上兩大塊愛玉凍滴著水，老闆說手工揉洗的天然愛玉靜置時才會滴水，他是賣多少才洗多少，說販售的乃阿里山野生愛玉，手洗，才會這麼美味。

天然愛玉柔嫩似水，人造愛玉軟中透露一種脆感。天然愛玉又分野生、種植，野生愛玉個頭小，愛玉籽長得密實，色澤偏紅；人工培育則個頭較大，愛玉籽長得較稀疏，色澤偏黃。

愛玉堪稱上天寵愛臺灣人的消暑聖品，又稱為愛玉子、玉枳、枳仔、草枳仔、澳澆、愛玉欉，是臺灣特有亞種，主要分布於海拔一二〇〇～一九〇〇公尺之中海拔潮濕的闊葉林內，常纏繞於岩石或樹木上。十九世紀初，愛玉子才被發現，連雅堂筆記《臺灣漫錄》記載發現與命名掌故，是重要文獻：

臺灣為熱帶之地，三十年前無賣冰者，夏時僅啜仙草與愛玉凍。按臺灣府誌謂：

仙草高五、六尺，晒乾可作茶，能解暑毒。煮爛絞汁去渣，和粉漿再煮成凍，和糖泡水，飲之甚涼。而愛玉凍則府縣各誌均未載。聞諸故老，謂道光初有同安人某居府治媽祖樓街，每往來嘉義，辦土宜。一日過後大埔，天熱渴甚，赴溪飲。見水面成凍。掬而啜之，冷沁心脾。自念此間暑，何得有冰？細視水上，樹子錯落，揉之有漿，以為此物化之也。拾而歸家。子細如黍，以水絞之，頃刻成凍，和糖可食。或合兒茶少許，則色如瑪瑙。某有女曰愛玉，年十五，長日無事，出凍以賣，人遂呼為愛玉凍。余曾以此徵咏，作者頗多，而林南強兩首尤佳，為錄於後，以補舊乘之不及，且作消夏佳話也。

林資修（1889～1939），字南強，號幼春，晚號老秋，臺中霧峰林家的後代，其〈愛玉凍歌〉二首亦是愛玉的重要文獻，第一首敘述女子愛玉入山發現愛玉子的經過：

神山石髓黃金液，流入雲根生虎魄。佳人欲製甘露漿，自躡蒙茸竄荊棘。歸來洞口尋玉泉，颼颼兩腋松風寒。交融水乳得真味，便作木蜜金膏看。羅山六月日生火，沉李浮瓜無一可。行人涸鮒望西江，一勺瓊漿真活我。道旁老人髮鬖鬖，能語故事同何戡。大千飢渴同病者，更乞菩薩分餘甘。

此詩加入文學的想像，和連橫所述的掌故略有差異。這種臺灣原生植物製品，熱量低，水分多，清代以降即是臺灣人夏日消暑解渴良伴。一般人所稱的愛玉，指的是愛玉子製成的膠質食品愛玉凍。每年八至十一月間，愛玉的果實呈黃綠色即可採收。愛玉凍的原料，即取自瘦果外果皮所含的果膠。每個果實內是密密麻麻的小顆粒，採集後，縱切剖開，令露出瘦果，曬乾，刮取，裝入紗布袋，浸在水中輕輕搓揉出果膠，常溫靜置後可凝結為愛玉凍，相當費工。

因果膠含鈣，在淨水中搓揉即能凝凍，搓揉的力道不能太大。冰涼後加檸檬、蜂蜜，或百香果，即非常美味。搓洗用水以煮沸過的天然地下水為佳，避免使用市售礦泉水或逆滲透水。林資修第二首〈愛玉凍歌〉展開描寫愛玉其人其事，並敘及愛玉凍的製作方法：

車驅六月羅山曲，一飲瓊漿濯炎酷。食瓜徵事話當年，物以人傳名愛玉。愛玉盈盈信可人，終朝采綠不嫌貧。事姑未試羹湯手，奉母依然菽水身。無端拾得仙方巧，擬煉金膏滌煩惱。辛勤玉杵搗玄霜，未免青裙踏芳草。青裙玉杵莫辭難，酒榭茶棚宛轉傳。先挹秀膚姑射雪，更分涼味月宮寒。月宮偶許游人至，皓腕親擎水晶器。初疑換得冰雪腸，不食人間煙火氣。寒暑新陳近百秋，冰旗滿眼掛林楸。誰將天女清涼散，一化吳娘琥珀甌。

此外，同時代的吳德功〈愛玉凍歌〉，和李漁叔〈愛玉凍〉一文，皆有描述。連橫《臺灣通史．農業志》說愛玉子：「產於嘉義山中，舊志未記載其名」，說愛玉子傳揚開來後，採者日多，配售閩、粵。又補充：「即薜荔，性清涼，可解暑」。

連橫說法有誤。愛玉和薜荔不只在形態上，細胞分化上也有所不同。雖然兩者皆屬桑科榕屬，果實的形狀和顏色也像，薜荔分布於中國大陸南部、海南島及日本；愛玉子則是臺灣原生種。又，薜荔生長於低海拔地區，愛玉子則定居於潮濕的中海拔森林。

學術界一直缺乏研究愛玉，一九〇四年才有日人牧野富太郎發表論文，指出愛玉子是一新種，訂其學名為Ficus awkeotsang Makino。現代學者大多認定愛玉是薜荔的變種。

愛玉和薜荔皆為桑科榕屬，都是雌雄異株，吾人難以從外觀分辨雌雄，唯有剖開果實才能夠確認。這種隱花植物不似一般植物有明顯的花朵；隱花果由花托膨大而形成，數以萬計的細小瘦果，花器完全包裹在隱花果之中。

榕屬植物需賴能鑽入榕果內的榕小蜂來授粉，榕小蜂種類甚多，不同隱花果的孔隙大小和緊密度，只容門當戶對的榕小蜂通行，以防止其他昆蟲侵入；甚至愛玉榕小蜂的體型、口器和產卵管的形狀、長短，必須能適配愛玉花器的構造。

植物多在花朵的子房中孕育胚珠，再發育成種子。愛玉雄株隱花果的蟲癭花子房，是孕育小蜂幼蟲的溫床，幼蟲在裡面發育，植株供應牠養分，助牠產卵，成長，化蛹。小蜂的一生幾乎都在暗無天日的隱花果中渡過，羽化成蟲，飛出隱花果，立刻又鑽進開花的隱花果中授粉，產卵，僅不到一天的壽命。

可見愛玉的天性害羞矜持，堅持不濫交。榕小蜂的生活史和愛玉花期完美契合，相互珍惜，彼此愛憐。

一首男女對唱的閩南語流行歌〈檸檬愛玉〉：「（女）也香香，也甜甜，也有少年時，青春的記持。也酸酸，也冰冰，也親像愛情，難忘的滋味。（男）上溫柔，上纏綿，上界得人意，初戀彼當時。想著伊，夢著伊，心涼脾肚開，五種的氣味。（女）愛玉甲檸檬一旦若分開，有聽過人講叫病相思。（男）若無你呀你，心花袂開，做什麼攏無元氣」。

愛玉園都是有機農業，不可噴灑農藥，否則小蜂無法存活。像堅定的承諾和信靠，榕小蜂依賴著愛玉雄株的隱花果而繁衍，也為愛玉雌株的隱花果授粉而效力，共棲共榮，演出阿里山的森林戀情。

太多酷熱的夏天，或在路邊，或在夜市，或在榕樹蔭，坐下來歇息，店家端來一碗涼透心脾的愛玉凍，立即連接臺灣人集體的退火基因。連接著家庭阿里山之旅，森林小火車，日出，雲海，霧嵐，櫻花，神木，溪壑……我的愛玉經驗又連接了青春歲月，那些一起飲愛玉凍的記憶。

愛玉凍宛如在水一方的佳人，香滑軟玉，光滑潤澤；又彷佛能滌蕩污穢火氣，深情脈脈地，像一陣清涼風徐徐安撫一切躁動，在炎炎夏日，撫慰口腔，胃腸，引起皮膚的清涼感，晶瑩剔透，予人自在感，人心清涼，生命清涼，世界清涼。

# 番石榴

全年

焦妻娘家有一株番石榴，可能味道一般、長相不佳，成熟時滿地落果卻乏人聞問；那褐色樹皮呈鱗片狀，常大片脫落，顯得光滑；彷彿有些努力要記得的事物蛻皮剝落了，遺忘了。可能這水果太普遍，市面上隨處可購，何勞採摘？她過世後我不敢再去岳家，那番石榴樹，樹旁的農舍，稻田，鄉村小徑，都是傷情的景物。

番石榴屬熱帶、亞熱帶水果，原產於中南美洲，因外型像石榴，卻自外地引進而得名。其別名甚多，諸如：芭樂、桃金娘、菝仔、奈菝、藍菝、那菝、林撥、酸石榴、安息榴、西安榴、鍾石榴、藥石榴、番桃、吉卜賽果、秋果、黃肚子、金罌……

從前臺灣的奈菝不受青睞，多散植於住厝、雞寮之旁，因果實染上些許臭味，故又有雞屎果、雞屎菝之俗名。引進之初很不受歡迎，郁永河嫌它「臭不可耐，而味又甚惡」。

清代臺灣番石榴率皆野生，朱景英在乾隆年間任臺灣海防同知時作〈東瀛雜詩〉，其中一首贊美了番石榴之味：「番梨番蒜摘盈筐，撏剝番藷一例嘗。說與老饕渾莫識，垂涎不到荷蘭鄉。」野生番石榴澀甜不一，漢人多厭，原住民卻嗜吃。劉家謀（1814～1854）完成於咸豐年間的《海音詩》以詩證事，引註證詩，深刻描寫當時的臺灣社會、政治和文化，第三十六首敘述原住民愛吃番石榴：

黑齒偏云助艷姿，瓠犀應廢國風詩。

俗情顛倒君休笑，梨茇登盤厭荔支。

意境相似的作品，是嘉慶年間，薛約《臺灣竹枝詞》組詩二十首，其中一首也描寫番石榴：「見說果稱梨仔拔，一般滋味欲攢眉。番人酷嗜甘如蜜，不數山中鮮荔支。」

臺灣栽培番石榴之記載，最早見於清初高拱乾《臺灣府志》一書。早年所栽培的品種較小，易熟軟，不耐儲運。番石榴的果皮粗糙，多呈淺綠色，也有紅色或黃色者；果肉厚，有白、紅、黃、綠多種；口感多脆爽，甜的果肉供食用，酸澀的則加工製成果汁、果醬、果脯，或藥用。在臺灣落地生根三百多年來，又陸續引進眾多外來種，衍生出不少品種。我愛吃的珍珠芭樂果肉甜脆、個頭大，以燕巢、彰化為主要產地，去年產季，老同學嚴秋屏宅配了一箱燕巢芭樂，如今常常懷念那滋味。番石榴之味有一種崇高感，清芬，甘甜，內斂到極點的澀，含蓄的果酸，展現果糖的深刻；它令太甜的水果顯得輕浮。

據說早餐吃一顆番石榴就可以滿足身體所需營養如鐵質、葉酸、鈣質、纖維、蛋白質、碳水化合物、維生素等等，有助於抗新陳代謝所產生的自由基，其營養成分不僅全面且含較多微量元素，食用價值甚高。此外，它的脂肪、熱量低，纖維高，易有飽足感，堪稱減肥聖品。中醫說它具收斂、止瀉、止血作用，主治腹瀉、腸炎、糖尿病、咽喉炎。番石榴葉、果實都有降低血糖作用，許多糖尿病患者用番石榴汁作輔助食物。那麼多健康元素，難怪餐館在飯後供應的水果切盤中，往往以番石榴最受歡迎。

不知何故，如此美好的水果竟也被世俗了負面意思，如「芭樂票」指不能兌現的支票。

馬奎斯有一次接受訊問時談到格雷厄姆．格林啟發了他探索熱帶的奧秘：格林精選了一些不相干、在客觀上卻有著千絲萬縷真正聯繫的材料。用這種辦法，熱帶的奧秘可以提煉成腐爛的番石榴的芳香。馬奎斯的比喻極富拉丁美洲特色，番石榴本產於拉丁美洲，果實氣味香郁，除了鮮食，還能製成各種加工品，文學藝術的素材也需要經過有效的加工。

番石榴適應性優，能夠生長在各種不同的土壤和氣候，在砂礫地上頑強地活著，枯黃中仍旺盛著生命力，滿樹開著小白花。它對我有勵志作用，還有著一種特殊味道，似乎牽連了艱苦忍耐的青年歲月。

我童年寄居的外婆家有一株番石榴，白頭翁經常在枝枒間啄食，跳來跳去，彷彿快速翻動的日曆；其實味道苦澀，我嚐過一次就不再碰了。外婆養的雞鴨經常在樹下走來走去，排泄糞便。奇怪那麼多有機肥，竟不能令那番石榴甜一點？

有時番石榴像那隻白頭翁探頭張望，在我的記憶裡啾啾挽留，想到它我就覺得親切。

# 珍珠芭樂

十二——隔年三月

春寒料峭，我豎起衣領，尾隨謝坤成進入社頭鄉的有機芭樂園，園主熱情地迎了來，解說如何培育這些水果，如何施肥。園裡全是珍珠芭樂，每一粒皆仔細套了袋，避免果蠅叮咬。他隨手摘了幾粒成熟的，請訪客嚐嚐。

那些珍珠芭樂，韜光養晦般吊在樹枝上，彷彿有一種熱烈的渴望，等待溫柔的嘴，溫柔地咬，清脆地回應。晚風吹拂果園，我在樹枝下呼吸，芳香的鞭子，心神為之搖動。

芭樂因外形像石榴，故曰番石榴，臺灣是一六九四年由大陸引進栽植，先民喚菝仔，後來才模擬閩南語音，美其名為芭樂。

臺灣芭樂四季都盛產，皆培育、改良自外來品種，包括泰國芭樂、世紀芭樂、水晶芭樂、帝王芭樂等等，水晶芭樂又稱無籽芭樂，種子少，果面粗糙，有六爪型肉稜突起，果形扁圓，果頂與果肩的甜度落差大，產量不多。帝王芭樂乃珍珠芭樂與無籽芭樂雜交的後代，果實碩大，果肉質脆、較厚，酸度略高。

其中以珍珠芭樂管領風騷，淺綠色果實呈梨形，果皮非常薄，有珠粒狀突起，果肉白或淡黃，細緻，脆爽，香味優雅，充滿節制的甜，輕淡的酸。近年來農民用過期的牛奶發酵成液肥，所培育出來的牛奶芭樂，即珍珠芭樂種。珍珠芭樂是臺灣最具代表性的優質番石榴，種植最廣，市佔率最高。

社頭、兩鄉是彰化縣珍珠芭樂產量最多的地方。最誘人饞涎的水果盤不能缺少珍珠芭樂。

起先，芭樂叫「番石榴」，在臺灣稱「菝仔」、「鳥菝仔」，土菝仔的果香特殊卻澀味稍重，從前鄉間路邊隨處可見，如今多野生粗放，供養鳥群，偶見有人醃漬後販售。

番石榴總是令人聯想它的遠親石榴。相傳漢代張騫出使西域時，引進安石國所產的石榴，因此稱為「安石榴」，由於它的果實像巨瘤，故喚「石榴」。

石榴的種子甚多，送石榴給新婚夫妻，象徵多子多孫。它的花很美，古詩令我對石榴更有了浪漫的想像，李商隱詩句：「曾是寂寥金燼暗，斷無消息石榴紅。斑騅只繫垂楊岸，何處西南待好風？」王安石也歌詠：「萬綠叢中紅一點，動人春色不須多」。

尉天驄追憶家鄉老屋，種植了兩棵石榴樹，開花時「紅鼓鼓地像奶娃撒尿時挺起的小肚子，一身勁道。然後花開了，石榴火紅成一大片，把院子照得透亮透亮」。

石榴和番石榴不同科，只是種籽多相似。兩種水果都適合用來作婚慶禮聘。

徐明達教授在《廚房裡的秘密》書中指出：番石榴含有Omega-3和Omega-6的不飽和脂肪酸，及豐富的多酚和黃酮之類的抗氧化物，紅心的品種則含有類胡蘿蔔素，營養價值非常高，被稱為「超級水果」。

近來社頭鄉農會烘焙加工芭樂嫩葉，製成「芭樂心葉茶」，據說對高血糖、高血壓、高血脂肪有改善與預防效果。然則芭樂含有鞣質，吃太多可能導致便秘。

我在金門服兵役時有次營測驗，白天出操，晚上辦公；我知道正在被柯姓營輔導長惡整，戰戰競競工作，無暇吃飯，好心的同袍幫忙打菜端進來，床舖上已擺五份餐盤，可惜完全沒時間動筷子；已經連續五餐無暇進食了，三天未曾闔眼。終於趕刻出一百多張鋼板，呈到營輔導長辦公室，他看都不看一眼就隨手擲在地上，我含淚蹲下來撿，心中充滿了怨恨。為了刻那些鋼板，我兩週內暴瘦十九公斤。拖著疲累的身軀跟著部隊行軍，腹瀉更嚴重了，吃什麼拉什麼，吃止瀉藥亦然；後來是土菝仔救我一命。不知是什麼靈感？我邊跟著部隊行軍，邊走邊摘路邊的土菝仔葉嚼食，一天就療癒了急性腸炎。

珍珠芭樂之出現江湖，是偶然，是巧遇。我們想像某種舶來品基因，找到了適合它的土壤，加上高明的培育技術，成就了動人心弦的滋味。

好像入了臺灣籍的外國配偶，認真融入本地的文化風俗，努力工作負起家計，在我們的土地上有機地繁衍，成長，表現生命的活力。它們像清秀佳人，堪稱新臺灣水果。

# 楊桃

九月上旬—隔年四月上旬

院子裡的楊桃成熟掉落了，我撿起幾粒，果粒小，是臺灣酸味種，並無鳥啄的痕跡，吃了一口，果然酸澀。

昌瑞問要不要帶幾條魚回家？他愛釣魚，魚獲堆滿冷凍庫，我撿了兩條紅鮒，打理乾淨。以豆腐乳、料理酒、楊桃丁、薑末，加水調勻，在鍋裡煮沸；加進紅鮒、辣椒末，快熟時，灑進蔥花。這盤楊桃紅鮒討好了所有人的胃腸，眾口難釋。

楊桃入中菜很尋常，諸如海鮮楊桃、漬楊桃燉雞、楊桃脆鱔、楊桃牛柳、楊桃煲排骨、海蜇炒楊桃、楊桃拌蒟蒻、XO醬炒楊桃等等，也易作甜品，如拔絲楊桃，酒汁楊桃，蛋奶燉楊桃……

這種熱帶、亞熱帶水果，外觀最特殊處是其肉質漿果有五稜，別名：五斂子，五稜子，羊桃，陽桃，洋桃，三廉子，因橫切面呈五角星形，英文稱為「星果」（star fruit）。

水果中，胡續冬似乎特別鍾愛荔枝、龍眼和楊桃，他在〈水果之歌〉詩贊：「給我荔枝和荔枝的火。／給我龍眼和龍眼的折磨。／或者給我一個洋桃，切開，／伴上鹽，一個個海星在叛逃」。並在一篇散文中自述：「切成片的楊桃在我看來更像沙灘上的海星，它不甘被俺們的味覺之海所席捲，想要叛逃到天上，成為真正的星星」。

李時珍在《本草綱目》中解釋：「五斂子出嶺南及閩中，閩人呼為陽桃。其大如拳，其色青黃潤綠，形甚詭異，狀如田家碌碡，上有五棱如刻起，作劍脊形。皮肉脆軟，其味初酸久甘，其核如柰。五月熟，一樹可得數石，十月再熟。以蜜漬之，甘酢而美，俗亦曬乾以充果食」。中醫說楊桃有清熱生津，利水解毒，下氣和中，利尿通淋，生津消煩，醒酒，助消化等功效，寒暑皆宜。夏天冰飲清涼爽口，冬天熱飲則溫潤養顏，有養聲、潤喉的功效，又能止咳化痰，順氣潤肺。

西門町「成都楊桃冰」門口擺設著醃製的楊桃與鳳梨，召喚著來往行人駐足。那杯楊桃湯上頭鋪滿碎冰，加入酸梅，色澤深，湯味甜中帶酸，略鹹；夏日經過這裡，不免買來喝。這是臺灣古早味楊桃湯，濃郁的楊桃氣味，甜，酸，鹹。從前醃漬楊桃是有幾分講究的：採摘下來先仔細清洗，殺菁，鹽醃，靜待桶中發酵超過百日，靜靜讓時間陳化酸澀感，逐漸呈現歲月賦予的成熟風韻。現代人總是很猴急，不耐它發酵熟成，就胡亂添加甘味劑、香精。

醃漬體現華人的生活智慧，透露勤儉，珍惜，挽留，一種「晴天積雨糧」的意志，往往有效轉化青澀為陳香。臺灣楊桃汁多為醃漬水煮濃湯，罕見像彰化「永瑞果汁店」以鮮果現榨者。

楊桃品種甚多，大別為甜味種和酸味種，甜楊桃多用來鮮食，酸楊桃多作烹調配料或漬成蜜餞。鮮食楊桃以卓蘭最贊，卓蘭的風土條件得天獨厚，水質優，日夜溫差大，有效凝聚糖分在果實。日夜溫差大是東風殷勤來探看，當海風吹入大安溪河谷，受阻於雪山山脈，在馬那邦山峻坡和深谷中迴旋復盤桓，每夜降下涼風，當地人稱為東風。

卓蘭的「軟枝密絲楊桃」風味尤佳、糖分高、果稜飽滿，成熟時整粒楊桃轉呈黃色，僅底部和稜邊映著黃綠，表示糖分已平均分佈在心部和稜部，又脆嫩得宜。過熟則果肉變軟，風味稍遜矣。軟枝楊桃體態嬌弱；馬來西亞種的外型、口感則較為粗獷豪邁。現在的農戶多改種果實大、甜度高、耐儲運的馬來西亞種楊桃。

東坡居士〈次韻正輔同遊白水山〉：「糖霜不待蜀客寄，荔支莫信閩人誇。恣傾白蜜收五稜，細斸黃土栽三椏」，可見蘇軾在嶺南所吃的楊桃不美味，需要多加些蜜糖來醃漬。我愛吃永豐餘生技公司所生產的楊桃乾，果片縱切後醃漬，未添加保色劑、色素，予人純淨感。

嶺南種植楊桃已久，古書頗有記載，如《大德南海志》、《廣東新語》、《粵中見聞》等等。芳村花地、茶滘一帶的風土條件尤其適合種植楊桃，清代詩人倪雲臞有詩描寫花地一帶楊桃收成上市的情況：「全家生計在江鄉，趕市朝朝下果忙。三稔一斤錢五百，黃雲堆滿石圍塘」。清代兩廣總督阮元視察芳村，適楊桃果熟，他品嚐後大為激賞，歌頌：「荔枝生嶺南，漢唐已名久。味豔性復炎，尤物豈無害。誰知五棱桃，清妙竟為最。誠告知味人，味在酸甜外」。

日昨吃到六十年老欉黃金軟枝楊桃，香味淡雅含蓄，立刻即為之傾倒，鍾情它風韻飄然獨立，質感潤澤豐盈，肉質結實，帶著極輕淡的嫩澀，酸度和甜度有非常愉悅的平衡感。下肚後餘韻悠遠，吃完一小時嘴裡猶纏綿著果香，想念不已。此臺灣原生種軟枝楊挑，採自然農法，草生管理，灌溉以有機肥及天然液肥，並捨棄夏果，留養分給冬果。友愛土地，敬重自然的態度令人感動，珍惜。

味在酸甜之外，允為楊桃的美學境界。我對軟枝楊桃有除卻巫山不是雲的鍾情，它不像馬來西亞種一味追求甜度，一味追求碩大。軟枝楊桃的素樸本色，賦予楊桃清妙感；它的體型較小，皮薄如膜，細緻，容易損傷。生命總也不乏碰撞瘀傷。

# 甘蔗

十一隔年五月

學齡前寄養在外婆家，當時高雄市三民區還很像鄉村。舅舅有一片果園，外公種田、養豬，外婆種菜、飼養雞鴨。農村廚房裡有一個大爐灶，煮過晚餐，外婆輒用灶內餘火烤甘蔗，未削皮的甘蔗受熱，糖水緩慢滲出表皮，有些凝結，有些猶豫滴落，宛如眼淚。我曾在〈外婆〉一詩中懷念：「暗夜的爐灶有回憶的餘燼／甘蔗偎在裡面流淚／輕語如體溫」。取出熱甘蔗，咬掉蔗皮，咀嚼間流動著甜蜜，溫暖，快樂，幸福感。這種幸福感竟永遠鮮明在記憶中。

似乎不會有人覺得甘蔗不好吃。中國最早出現甘蔗的文獻是《楚辭．招魂》：「胹鱉炮羔，有柘漿些」。柘，通蔗；柘漿，甘蔗汁。連橫《臺灣通史．農業志》將臺灣甘蔗分為三類：「竹蔗：皮白而厚，肉梗汁甘，用以熬糖。紅蔗：皮紅而薄，肉脆汁甘，生食較多，並以熬糖。蠟蔗：皮微黃，幹高丈餘，莖較竹蔗大二、三倍，肉脆汁甘，僅供生食」。竹蔗又稱高貴蔗，外皮綠色，質地粗硬，不適合生吃；紅蔗即中國竹蔗，皮墨紅色，莖肉富纖維質，多汁液，清甜嫩脆。

這種經濟作物產於熱帶、亞熱帶，栽培非常普遍，全球有一百多個國家出產，以亞洲為大宗，其次是中南美。甘蔗適合栽種於土壤肥沃、陽光充足、冬夏溫差大的地方，是製造蔗糖的原料。秋天的時候，甘蔗成熟，榨汁製糖。吳德功〈竹蔗〉：

蔗圃千畦植，村農利溥長。
節多如竹秀，葉密似葭蒼。
揭揭風吹響，湛湛露釀漿。
待當秋九月，處處獻新糖。

甘蔗種植連接著殖民，奴隸，剝削。荷治時期，臺灣長官定期向東印度公司例行報告，《巴達維亞城日記》一六二四年二月記載，蕭壠（Solang，即今之佳里）產甘蔗，及許多美味之鮮果；荷蘭東印度公司招募漢人來臺種甘蔗，生產蔗糖賣給日本。清道光年間詩人陳學聖〈蔗糖〉：「剝棗忙時研蔗漿，荒郊設廍遠聞香。白如玉液紅如醴，南北商通利澤長。」

日據時期，總督府政府更大規模種植甘蔗，臺灣俚語「第一憨，種甘蔗乎會社磅」，反映了壓榨剝削的製糖株式會社。古巴詩人尼古拉斯．紀廉（1902～1989）長期流亡國外，以詩控訴帝國主義者剝削、壓迫黑人，直到古巴獨立才返回祖國。短詩〈甘蔗〉應是流亡時期之作：

黑人
在甘蔗園旁

美國佬
在甘蔗園上
土地
在甘蔗園下
鮮血
從我們身上流光！

龍瑛宗〈植有木瓜樹的小鎮〉描寫日據時代的製糖會社，「一片青青而高高的甘蔗園，動也不動；高聳著煙囪的工廠的巨體，閃閃映著白色」。這段描述連接了我的橋頭糖廠、甘蔗林印象。很多糖廠附近的人，童年時曾經追隨著五分車奔跑，從成綑疊堆的甘蔗板車上偷偷抽取來吃。那是一個多麼飢餓的年代呵，飢餓，卻不乏甜蜜。

郁永河有一首詩描寫蔗田：「蔗田萬頃碧萋萋，一望蘢蔥路欲迷。綑載都來糖廍裡，只留蔗葉餉群犀」。甘蔗長得瘦高，蔗田茂密，走進去立刻隱沒，只聞蔗葉細碎的沙沙聲，蔗香幾乎就封鎖了個人的世界。彷彿宿命，甘蔗採收之前會先歷經整個颱風季，風災過後，東倒西歪的甘蔗人為地重新站起來，不免就長得彎曲。芳香甜美前的磨練和摧折，彷彿隱喻。

每逢盛產的季節，飲料攤前常見甘蔗汁，或添薑汁，或加檸檬汁、桔汁調味。尤其貨車上疊滿長長的甘蔗，飄送著歡愉的甜香，堪稱臺灣街頭最甜蜜的風景。甘蔗生長過程中，汲取的養料多貯藏在根部，故下半截較甜，東晉畫家顧愷之謂倒吃甘蔗為「漸入佳境」。

甘蔗汁好喝，可惜缺少咀嚼的快感。吃甘蔗是複雜的口腔運動，得邊啃邊吸邊嚼，只有吃過的人才能心領神會。焦妻生前嗜甘蔗，下班回家時看見攤車輒命我路邊停車，買一包帶回家。她總是坐在沙發上抱著甘蔗，悠閒嚼食；我牙齒動搖，只能望蔗流口水。從前常嘲笑她是好吃的懶妻；奇怪，如今竟覺得她嚼食甘蔗的慵懶模樣很優雅。

# 蜜蘋果

十月中—十二月

秀麗流產後很憂鬱，傷感，遂安排環島散散心，那時候，珊還寄居在外婆家，不知何故竟未繞到新屋接她同遊。來到武陵農場打電話給珊，她好像有點不爽沒跟到：「我要去啊，沒說不去呀。」

回程經過梨山，見到路邊有人在賣蜜蘋果，買了一些在車上吃；才吃了一個就懊惱沒多買，可惜車已近花蓮，來不及回頭了。多年來，蜜蘋果一直撩撥著我的渴望，和想像。

日本詩人北原白秋（1885～1942）酷愛蘋果，他曾因通姦罪被收押，有一首和歌描述囚禁時的心境：「在監獄裡發著抖啃蘋果，蘋果的味道沾滿全身」，北原白秋搞上鄰居的老婆，遭到人們強烈的指責，被拘的那兩個星期差點精神崩潰，幸虧弟弟四處奔走營救，並每天帶著美味的食物探監，他在另一首和歌寫出獄時的快活：「挪開監獄沈重的木蓋後，心情好像在蘋果盒中跳舞」。每當困頓時出現轉機，他常會歌頌蘋果。

有人像北原白秋這麼愛蘋果嗎？他彌留時突然要東西吃，妻子端來蘋果汁，他卻不要喝蘋果汁，要整個蘋果。家人削了兩片蘋果，他一口氣就吃光，邊吃邊說：「好吃！好吃！」

蘋果充滿了奧妙，連接著樂園；走進蘋果園，好像走進上帝的家園。鮮有水果有那樣神秘的內涵，和魔幻故事——天神宙斯和希拉結婚時，大地之母蓋亞 Gaea 贈送金蘋果作賀儀。北歐神話中，掌管青春的女神 Idun 守護著金蘋果，在每年舉辦的盛宴中，分贈眾神吃蘋果，讓祂們永保長壽和青春。

縱剖蘋果，是強烈的情色意象，難怪長期以來象徵生殖力和永恆的生命。蘋果總是連接著欲望，繁衍和健康，也離不開虛妄與背叛。整場特洛伊戰爭的禍根就是一粒金蘋果。

橫剖開來，果核裡的五個種籽正好形成五角形，形狀和數字是基督教文化、巫術界咸信的，解開良善與邪惡知識的關鍵。那漂亮的色澤和形狀，令人難以抗拒，又總是連接了愛情和誘惑，最有名的是童話故事裡邪惡巫婆和白雪公主。

俄羅斯動畫片《童話的童話》裡那個幻想自己坐在樹上和烏鴉分享蘋果的小男孩，你一口，我一口，他一口，雪花不停地落著，兩隻烏鴉分坐左右，不斷提醒小男孩，該輪到自己咬一口蘋果了。雪花不停地落著，落在樹枝上，落在蘋果上，落在公園的椅子上，落在一直喝酒的父親大衣上，落在聒噪不休的母親身上。

蘋果本來很貴族，開放進口後才平民化，臺灣人才普遍能吃到碩大便宜的蘋果。黃春明小說〈蘋果的滋味〉敘述江阿發被美國軍官撞斷腿，送進美麗的美國醫院，相對於貧民窟的住家，醫院顯得靜謐，潔白，天堂般美好。肇事者格雷上校帶著紙袋進病房探望，袋內有三明治、牛奶、汽水和蘋果，都是他們平常吃不起的東西。格雷先給了兩萬元慰問金，還表示會負責江家的生活，並送阿發的啞吧女兒去美國受教育。阿發感動涕零連聲說：「謝謝！謝謝！對不起，對不起。」陪同來的外事警察突然開口道：「這次你運氣好，被美國車撞到，要是給別的撞到了，現在你恐怕躺在路旁，用草蓆蓋著哪！」小說最後一段描寫大家拿著蘋果不知如何吃？阿吉咬一口說，像電視上那樣嘛：

經阿發這麼一說，小孩、阿桂都開始咬起蘋果來了。房子裡一點聲音都沒有，只聽到咬蘋果的清脆聲，帶著怯怕的一下一下此起彼落。咬到蘋果的人，一時也說不出什麼，總覺得沒有想像那麼甜美，酸酸澀澀，嚼起來泡泡的有點假假的感覺。但是一想到爸爸的話，說一只蘋果可以買四斤米，突然味道又變好了似的，大家咬第二口的時候，就變得起勁而又大口的嚼起來，噗喳噗喳的聲音馬上充塞了整個病房。原來不想吃的阿發，也禁不起誘惑地說：

「阿珠，也給我一個。」

全家人品嚐蘋果，彷彿品嚐著夢想。兩條斷腿換來吃蘋果的歡愉，反映當時臺灣的貧窮，刻畫低層工人的愚昧，卑微，和美臺關係。

大部分野生蘋果多不好吃；美味的蘋果幾乎都靠人為，嫁接才能雜交出美味，大自然力有未逮。被人類馴化的蘋果總是鮮紅，爽脆，一口咬下雖然不會汁液噴濺，卻也齒頰生津。

梨山海拔兩千三百公尺，溫度低，溫差大，氣候條件適合蘋果生長；孟冬時氣溫驟降，蘋果的遺傳密碼下達了繁殖下一代的指令，將儲存的澱粉轉化成糖，防止果實凍傷，令本來就甜的蘋果形成一圈「蜜腺」。

蜜蘋果皆在樹上成熟才採收，它通常沒有塗蠟，我都連著果皮一起吃。然則不一定每一粒都能結蜜，有時得憑一點運氣。選購時還是要靠手感，握起來越沉越佳；此外，蜜蘋果多為紅色，底部轉成黃色者較成熟。當然，有不肖業者以進口蘋果冒充蜜蘋果。

進口蘋果美豔又廉價，本土所產全無招架之力；除了蜜蘋果。蜜蘋果其貌不揚，遠不如進口蘋果豔麗；果皮也較厚，果心周圍呈現一圈半透明的果蜜結晶；它的細胞排列很緊密，細胞壁的強度又低於間質，咬下去，嘴裡產生細微而芬芳的震波，酸味和甜味有非常快樂的結合，瞬間就征服了口舌。

蜜蘋果連接著梨山經驗，連接著未帶珊一起旅遊的內疚感，連接了獨特的果香。有時某種氣味是暗號，打開記憶之門的暗號。我迷戀它，淡黃的果肉中那圈甜蜜的波紋。

# 柳丁

十一—隔年一月

夜宿亞士都飯店，多次旅行到花蓮總是選擇住在此處，我喜歡這家老旅館，尤其黃昏時坐在二樓喝咖啡，看旁邊的太平洋，覺得心蕩神馳，世界變得遼闊。

早餐時遇見希臘詩人Anastassis Vistonitis，遂邀同桌聊天，剛關心他如此簡陋的早餐還能忍受嗎？連蛋也沒有。服務員適時為他送來一盤炒蛋，不久又送來三明治，我見那三明治甚為豐富可口，明顯是用心特製。不是自助餐嗎？這老外為什麼吃得如此特別？喔，我們怕外國人吃不慣中式早餐，特地為他另外準備一份。我也可以來一份嗎？餐檯上幾乎都不是食物，我也想吃三明治；我現在跟老外同桌，地位可不可以跟著提升？

其實我早已習慣服務業優待洋人、冷落同胞了。Vistonitis指著柳丁問這是什麼水果？臺灣橙。我鼓勵他多吃，現在正值盛產期。橙的品種甚夥，諸如柳橙、晚崙西亞、錦橙、血橙、臍橙等等；柳丁即柳橙，咸信是一九三〇年由廣東引進臺灣，直到一九六〇年代才大量栽培，現在是臺灣秋、冬季的經濟果樹。其名稱由來流傳著誤讀的笑談：橙和燈字形相似，閩南語又「丁」、「燈」同音。

古坑堪稱臺灣的柳丁之鄉，種植面積最大，產量佔全臺三分之一；每年十二月古坑鄉公所都舉辦「古坑柳丁節」。柳丁節很重要，遠比各種政治人物誕辰日重要。臺灣盛產柳丁，一度因生產過剩而傷農，一粒一元賤售，當時古坑的一位國中女生沈芯菱架設「守護臺灣柳丁」網站，為農民請命，挽救了柳丁的價格。

它是柚、橘的混血種，果皮不像橘那麼容易剝，一般多是切柳丁，洗淨後切塊，此種吃法是方便，缺點則不免弄得雙手膩黏。若像剝柚子般，中間橫劃一刀再上下褪皮，則可以一瓣瓣剝開來吃。周邦彥〈少年游·感舊〉描述用并州水果刀切，當時的橙較酸，故撒了些鹽以突顯甜度：「并刀如水，吳鹽勝雪，纖指破新橙」，詞中描寫那剝橙的纖手應是李師師，心靈手巧的煙花女。

大仲馬敘述橙子時說，古羅馬人討厭橙的氣味，「最好的一個品種無疑來自中國，在那裡被稱為橘子。它比我們玩的撞球還要小，有些橘子甚至只有核桃那麼大，但色紅皮薄，氣味跟檸檬相近。橘子的果肉很甜，但汁水不多」。大仲馬顯然橙橘不分，他吃的可能是沙糖橘。

柳丁一般到九月才陸續成熟；為提早上市，有些農民才五分熟就噴灑退酸劑，採收後繼續泡退酸劑。這種毒柳丁當然會嚴重危害人體健康。

有人教導挑柳丁，要選底部呈一圓圈的「印仔柑」；其實也不見得，我曾據以購買，並未粒粒香甜多汁。擇橙之道先看色澤，以橙黃均勻者為佳；要之，皮不可太厚，我的經驗是厚皮者通常少汁，寡味矣。其次挑選外表有些傷痕的；表皮受到霜害或蟲害的「火燒柑」皆完全成熟才採收，多很甜美；只要吾人不在意長相，農人就會少噴灑一點農藥。

在樹上自然成熟的柳丁，甜味和香氣都顯得清淡，節制，一種雋永的香味。不僅果實甜美，柳丁皮富含精油，是天然的清潔劑，曬乾後可作芳香劑。但也因人而異，瓊安．哈莉絲（Joanne Harris）長篇小說《柳橙的四分之五》敘述主角法蘭波伊絲和她的母親像死對頭；母親每聞到柳橙味就頭暈，噁心，病懨懨像條蟲；她卻偏偏故意藏柳橙在屋子裡，好像藏著引爆親情的定時炸彈。

柳丁香甜多汁，也很適合榨汁，雙雙襁褓時我總是到批發市場購買整箱，抱著她餵飲。它頗耐儲藏，買回來只要不悶箱，冷藏可貯存近月。

我偏愛的是「雞蛋丁」，色澤鮮黃，油胞細緻；那是老欉所生，產量少，果實小，風味絕佳。最美味的柳丁都長在樹叢外圍，顯得「非主流」，也要忍受較多的風霜，表皮又容易遭樹枝劃傷；然則也因而領受了更多陽光的愛撫。可見凡事都不要太在意外表，莫介意處境不在核心位置，也別怨嘆身上留下的傷痕。

# 金柑

十一—隔年二月

金柑大約在農曆年前盛產，過年時許多人家擺設金柑、四季桔盆景，澄黃飽滿。過年的食物最重視口彩，人們置金柑盆景於家中，象徵吉祥如意，祝福四季平安，吉星拱照。柑桔自古代表甘美，正如棗子象徵吉利，閩南語「拜好柑，好年冬；吃紅棗，年年好」。

桔為「橘」之俗體字，中國文人歷來愛戀它、依賴它寄情，賦予它高雅的形象和情操，屈原曾作〈橘頌〉，自喻其志；張九齡名詩：「江南有丹橘，經冬猶綠林。豈伊地氣暖，自有歲寒心。可以薦嘉客，奈何阻重深。運命唯所遇，循環不可尋。徒言樹桃李，此木豈無陰？」桃李媚時，丹橘傲冬，詩人之孤高感慨，輕易引起我們的同情與理解。

「金柑」又名「金橘」、「金桔」、「山橘」、「給客橙」。《本草綱目》載：「其樹似橘，不甚高碩。此橘生時青盧色，黃熟則如金，故有金橘、盧橘之名。盧，黑色也。或云盧，酒器之名，其形肖之故也」；又說「其味酸甘，而芳香可愛，糖造、蜜煎皆佳」。此果甚靚，除了提供味覺享愛，也具有視覺的審美價值，明．錢士升〈金橘〉：「密密金丸不禁偷，最憐懸著樹梢頭。老人口腹原無份，留得深秋供兩眸。」

有些宜蘭餐館供應有蜜餞「金棗糕」，其實非棗，而是糖漬金柑，多以「長實金柑」製作，大概取其果色如金、果形似棗命名。除了長實金柑，寧波金柑、福壽金柑等品種，也都適合鮮食、糖漬。臺灣所產金柑多出自宜蘭，尤以員山、礁溪兩鄉為主。

隨著金柑盛產，桔醬遂應季而生。臺灣的金柑故鄉在宜蘭，桔醬卻以新埔出產聞名。

這是臺灣北部客家人的日常蘸醬，蘸肉類或蔬菜皆宜，餐桌上有了一碟桔醬，立刻就有了客家風味。

桔醬尤其是北臺灣的客家風味蘸醬，可單獨使用，亦可調和醬油。客家俗諺：「過年吃肉蘸桔醬，才不會吃壞人」。作法是用成熟的金桔，去籽，調味，以小火熬煮，攪碎。

製作桔醬也不一定用金柑，明．沈光文（1612～1688）〈番柑〉：「種出蠻方味作酸，熟來包燦小金丸。假如移向中原去，壓雪庭前亦可看。」說的就是用來製作桔醬。沈光文是最早自中國大陸移居臺灣的文人，詩中所述之番柑源自荷蘭，肉酸，皮苦；荷蘭人加鹽搗作酸漿兌水喝。番，乃紅毛番也。

客家族群渡臺較漳州人、泉州人晚，影響了賴以維生的地理環境，和飲食方式。傳統客家菜往往又鹹又肥又香，吃多了頗礙健康，於是客家人用金柑研製醬料，除了去腥去羶，還能夠開胃、降低膽固醇、退肝火，宜炒蔬菜，宜蘸白斬雞、五花肉、蘿蔔糕、桂竹筍……晚近亦製成果茶、冰淇淋、蛋捲、三明治、牛舌餅，亦可增添生菜沙拉的風味。

桔醬的色澤偏黃而濃稠，口感細膩而繁複，那酸中帶甘的風味，尤其能討好我們的味蕾。桔醬受歡迎，激勵廚師開發創意料理：桔醬子排、桔醬海鮮塔、桔醬起士南瓜鮮貝……桔醬子排是一道創意料理，可謂閩南人排骨酥的變奏。作法是精選子排，用多種調味料醃製，過油，以封鎖肉汁和肉質香，再加入桔醬這種客家元素，和鮮桔汁，慢慢煨燒，當桔味滲入排骨內，甜度和酸度有了愉悅的平衡。

金柑一向扮演著襯托角色，去腥，平衡油膩感，誘發食物的美味。桔醬能促進食慾，幫助消化，聽說還有健胃、止咳、化痰、解酒下氣、降低膽固醇等功能。其酸酸甜甜的滋味，很適合模擬愛情的滋味。

金柑依成熟度呈現三種天然色素，初果時的果綠素，逐漸成熟時的果黃素，已臻成熟的果紅素；優質的桔醬都選用金柑出現果紅素時，不添加人工色素。

四季桔長相類似金柑，前者呈圓形，後者橢圓。南洋喚四季桔「酸柑」，皮澀肉酸，酸度相當於檸檬，不適合鮮食；宜榨汁作蘸醬，我就常用來調製海鮮佐醬，或擠汁在生魚片、烤魚上，風味魅人。感冒時，切片泡溫水飲用，是我的私房療方。

金柑不似四季桔酸，果皮的風味可口，鮮食甚佳，宋．李清臣詩贊：「氣味豈同淮枳變，皮膚不作楚梅酸。參差翠葉藏珠琲，錯落黃金鑄彈丸」。鮮食金柑，都連皮帶肉一起吃；而且果皮的風味比果肉更迷人，清爽，微甜，柑橘香充滿口腔和呼吸道，如情人的呼吸。

# 蜜棗

十二—隔年二月

結束《臺中餐館評鑑》發表會即駕車北上，黃昏時來到苗栗公館鄉，「棗莊古藝庭園膳坊」佔地甚廣，建築古樸，匠心布置農村文物和客家氛圍，處處是懷舊農具，老甕，竹編燈籠，竹篾，門口擺設了七個小矮人陶偶；門外有小溪，紅棗林。最吸引我的是食物，供應的客家菜標榜紅棗養生，紅棗飯，紅棗芋蒸糕，紅棗花生糖，手工紅棗饅頭；那頓晚餐，紅棗有效討好了大家的胃腸。

我母親一直熱愛著紅棗和黑棗，家裡的冰箱底層總是有一兩包紅棗，隨時燉湯，隨時補貨。我以為只是嘴饞，後來讀到馬莉〈女人與紅棗〉，領悟是口耳相傳的養生方法；文中敘述家族中的女人都靠紅棗來滋補身體和頭腦，小時候，母親煲紅棗糖水就要她吃一大碗，吃完後馬上背課文，說一下子就能背誦下來，「紅棗對女人有一種神秘的力量，它用它溫柔的紅色堅守著女人的內心、肌膚、血液與情感」。馬莉斷言紅棗是女人的食物，一生都和紅棗相隨，女人想永保漂亮，一定要吃紅棗，說紅棗無懈可擊：「它驅趕了女人內心的蒼白、虛弱與感傷，它在自身的樸素與傳統中恢復了女人初始的美麗與熱情」。

上次去新疆，在烏魯木齊「國際大巴扎」買回許多新疆哈密棗脯給媽媽。製果脯的大紅棗都選用果實大、果核小、果皮薄、果肉細胞組織疏鬆者，且含水量要少、含糖量較高的品種，如「大糖棗」、「箔棗」等。大棗因加工相異而有紅棗、黑棗之別，紅棗僅燙過沸水即曬乾；黑棗的工序較複雜，燙過沸水再燻焙至表皮黑亮、棗肉半熟。

中國是棗子的原產地之一，吃棗的歷史悠久，《詩經》早有「八月剝棗」記載。韓愈、孟郊聯吟：「村稚啼禽猩，紅皺曬檐瓦」，描寫鄉村屋檐上曬紅棗，一派農村風情。又如白居易〈閒坐〉：

婆娑放雞犬，嬉戲任兒童。
閒坐槐陰下，開襟向晚風。
漚麻池水裡，曬棗日陽中。
人物何相稱，居然田舍翁。

秋天打棗，曬棗是自古的常民生活，流動著騷人墨客的農村想像。杜甫搬離成都草堂時贈送院子給侄兒，不料侄兒竟築起籬笆，防杜鄰婦來打棗，〈又呈吳郎〉一詩告誡：「堂前撲棗任西鄰，無食無兒一婦人。不為困窮寧有此？只緣恐懼轉須親。即防遠客雖多事，便插疏籬卻甚真。已訴征求貧到骨，正思戎馬淚盈巾。」詩句充滿著強烈的人道關懷，也彰顯了詩聖的人格與風格。

任何食物到了傳統文人筆下，總不免賦予道德情操，後秦．趙整有詩歌詠：「北園有一樹，布葉垂重陰。外雖多棘刺，內實有赤心。」白居易〈杏園中棗樹〉前半段：「人言百果中，惟棗凡且鄙。皮皴似龜手，葉小如鼠耳。胡為不自知，生花此園裡。豈宜遇攀翫，幸免遭傷毀。二月曲江頭，雜英紅旖旎。棗亦在其間，如嫫對西子」；最後又說，「君若作大車，輪軸材須此」，藉棗樹懷才不遇的心情，伸張抱負，並乞君垂視。又如王安石〈棗賦〉前四句所詠：「種桃昔所傳，種棗予所欲。在實為美果，論材為良木」。

北方所產紅棗優於南方，明．吳寬〈棗〉敘述棗樹耐瘠耐旱和材質，並描寫其棗子的形貌和風土條件：

荒園乏佳果，棗樹八九株。
纂纂爭結實，大率如琲珠。
此種殊甘脆，南方之所無。
日炙色漸赤，兒童已窺覦。
剝擊盈數斗，鄰舍或求須。
早知實可食，何須種樫榆。
此木頗耐旱，地宜土不濡。
所以齊魯間，斬伐充薪芻。
近復得異種，攣拳類人痀。

曲木未可惡，惟天付形軀。
良材卻矯揉，不見笏與弧。

棗樹生長緩慢，故木材堅硬細緻，不易變形，適合雕刻、製棗木擀麵棍。朱國珍在《離奇料理》中追憶父親愛吃家鄉味的麵片，女兒、女婿從河南來探望時致電詢問需要帶什麼過來？竟囑咐要從家鄉帶根擀麵棍，才能做出道地的麵片。父女在臺北相聚的四十天，吃掉了十公斤的麵粉，「每天都用擀麵棍兒，擀出各種麵食，有麵片兒、麵條、餃子皮、麵疙瘩等等。」那根擀麵棍是否用棗木所製？竟牽繫著闊別數十年的骨肉親情，永恆的麵食記憶。

棗的品種繁多，大小不一，早年臺灣引進印度棗，經過長期的品種選育，據以培育出蜜棗，現已為南部重要特產，尤集中在高雄、屏東、臺南、嘉義。品種甚多，諸如高朗三號、翠蜜棗、天蜜棗、仙桃蜜棗、高雄九號、台農四號肉龍、阿蓮圓種、特龍、碧雲、大葉蜜棗、金桃蜜棗、中華蜜棗……臺灣蜜棗是鮮食，跟製成果脯的蜜棗是不同概念；購買時大抵選擇表皮光滑、底部飽滿者。

種蜜棗利潤薄又費工，每株樹要疏果三次，遇到颱風更血本無歸。今年的蜜棗開始盛產時，秋屏寄來一箱，外形長圓潤翠，香，甜，脆；果香和甜味都顯得輕淡，節制，確實是燕巢蜜棗。燕巢風土條件特殊，很適合蜜棗生長；棗樹本來就忍瘠耐旱，也許就是像泥火山、月世界那樣的地質，栽種出的蜜棗含有一股甜中帶鹹酸的風味；加上日夜溫差大，延緩果實的成長，增加了養分吸收，令甜度升高。

秋屏是高中同學，我們大夥曾露營於阿公店溪，佇足泥火山間歇性的噴發泥漿；也同遊月世界惡地形，質地軟弱的泥岩山丘，點綴著零星翠竹，那地貌意象固執在記憶中。數十年倏忽過去了，如今回首，覺得那片光禿禿的山脊像隱喻，像貧困的環境能造就出豪傑。

二魚文化　文學花園

# 蔬果歲時記

作　　者　焦 桐
繪圖題字　李蕭錕
責任編輯　周晉夷
美術設計　周晉夷
行銷企劃　溫若涵
讀者服務　詹淑真

出 版 者　二魚文化事業有限公司
發 行 人　葉 珊
地址　116 臺北市文山區興隆路四段165巷61號6樓
網址　www.2-fishes.com
電話　(02)2937-3288
傳真　(02)2234-1388
郵政劃撥帳號　19625599
劃撥戶名　二魚文化事業有限公司
法律顧問　林鈺雄律師事務所

總 經 銷　黎明圖書有限公司
電話　(02)8990-2588
傳真　(02)2290-1658

製版印刷　彩達印刷有限公司
初版一刷　二〇一六年八月
初版五刷　二〇二一年九月
I S B N　978-986-5813-82-6
定　　價　四五〇元

題字篆印　李蕭錕

國家圖書館出版品預行編目(CIP)資料

蔬果歲時記 / 焦桐著. -- 初版. --
臺北市：二魚文化, 2016.08
　面；　公分. --(文學花園)
ISBN 978-986-5813-82-6(平裝)

1. 飲食 2. 果菜類 3. 歲時 4. 臺灣

427.07　　105012994

二魚文化